Axel Rachow, Johannes Sauer

Kreativ präsentieren

Außergewöhnliche Ideen für Vorträge ohne PowerPoint

managerSeminare Verlags GmbH – Edition Training aktuell

Axel Rachow, Johannes Sauer

Kreativ präsentieren

Außergewöhnliche Ideen für Vorträge ohne PowerPoint

3. Aufl. 2026
Endenicher Str. 41, D-53115 Bonn
Tel.: 0228-977910
info@managerseminare.de
www.managerseminare.de/shop

Printed in Germany

ISBN: 978-3-95891-075-1

Herausgeber der Edition Training aktuell:
Ralf Muskatewitz, Jürgen Graf, Nicole Bußmann

Lektorat: Jürgen Graf
Cover: Sonja Buske, Johannes Sauer
Fotos und Illustrationen: Axel Rachow und Johannes Sauer
Druck: Beltz Grafische Betriebe, Bad Langensalza

Das Buch wurde gedruckt auf Circle Silk Premium White. Das Papier erfüllt die Auflagen der Umweltzeichen „Blauer Engel (RAL-UZ 72)“ und „EU-Umweltzeichen (ECO-Label)“. Die mit dem Druck verbundenen CO_2-Emissionen werden vom Verlag kompensiert und fließen in unterschiedliche Aufforstungsprojekte zum Klimaschutz. Nähere Informationen finden Sie unter: www.managerseminare.de/verlag/umwelt

WOW

Ein wenig 

gefällig?

Schön, dass Sie sich für dieses Buch entschieden haben. Wir versprechen Ihnen, dass Ihnen beim Durchblättern, Lesen und Stöbern Präsentationsideen begegnen werden, die Sie vorher nicht für möglich gehalten hätten.

Wow! - So etwas funktioniert?

Ja. Tut es. Was Ihnen auf den kommenden Seiten begegnet, ist kein theoretischer Ansatz, sondern Ausschnitte aus 20 Jahren Präsentationsarbeit in Organisationen und Unternehmen, auf großen Bühnen und in kleinen Workshops. Unsere Fotos und Beispiele zeigen, dass kreative Präsentationen nicht nur gut aussehen, sondern auch machbar sind.

Wow! - Das mögen die Leute?

Ja. Mögen sie. Gerade in diesen digitalen Zeiten. Wenn es gut gemacht ist und es Ihnen als PräsentatorIn gelingt, Ihr Thema interessant zu verpacken, lässt sich ein Erfolg nicht verhindern. Viele unserer Präsentationsideen sind eine gute Ergänzung zu PowerPoint-Präsentationen, haben witzige Effekte und überraschende Elemente. Das beeindruckt, begeistert und überzeugt.

Wow! - Das ist aber eine Menge Arbeit!

Ja. Ist es. Aber – bitte genau hinschauen – meistens nur beim ersten Mal. Wir nennen das gerne den Initialaufwand. Und wie bei jeder neuen Fingerfertigkeit kommt im Laufe der Zeit eine gewisse Routine dazu. Mit unseren Bildgeschichten und Download-Hilfen zeigen wir (oft Step by Step und mit vielen Lifehacks), wie es am besten gehen kann.

Gute Präsentationen sind vor allen Dingen gutes Handwerk. In fünf Kapiteln und mit ergänzenden Download-Hilfen wollen wir Ihnen demonstrieren, wie Sie sich die Welt der kreativen Präsentation erschließen können:

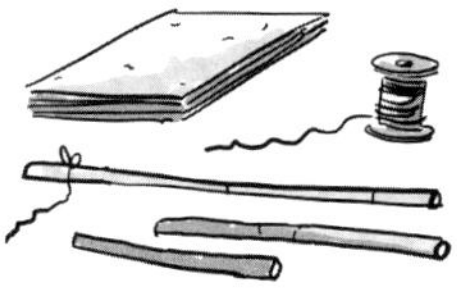

I: Wirkungsvolle Effekte mit vertrauten Materialien – diese Leitidee zieht sich durch unser Eröffnungskapitel **Eyecatcher & Effects.** Das Faszinierende dabei sind die kleinen überraschenden Momente, die Ihre Präsentationen dann hinterher spannend und unvergesslich machen.

II: Einfach ein wenig Papier aneinanderkleben ... Extrem vorbereitungsfreundlich sind unsere **Displays:** praktische Aufsteller für dreidimensionale Präsentationen auf Tisch oder Boden.

III: Vor dem Arbeiten mit **Foamboards** steht ein Besuch im Kunst- oder Grafikbedarf, denn hier bekommen Sie das Ausgangsmaterial für die von uns gezeigten Präsentationen: leichte Schaumplatten und ein scharfes Messer. Mit etwas Routine gelingt es dann sehr schnell, daraus beeindruckende Schilder, Schriften und 3D-Objekte zu gestalten.

IV: Wenn Sie mit einer Pinnwand arbeiten oder sogar zwei aneinander stellen, erweitern sich die Möglichkeiten der Präsentation. Auf einmal haben Sie massenhaft Platz für Wort und Bild. Mit einem **Big Picture** können Sie XXL-Geschichten erzählen. Das passende Material hierfür ist Papier von der Rolle bis zu zehn Meter – je nachdem, wie groß Sie rauskommen wollen ...

V: In die Höhe gehen, sechsseitig beschriften, im Raum inszenieren – mit weißen Pappkartons eröffnen sich ganz unkomplizierte räumliche Präsentationsmöglichkeiten. Gerade auf Events und in großen Räumen werden unsere **Cubes** nicht nur zum Hingucker, sondern auch Dekorationselemente und Orientierungspunkte.

In den Abbildungen dieses Buches entdecken Sie immer wieder die Basistechniken zur Visualisierung, wie wir sie in den Büchern **Der Flipchart-Coach** und **Business-Symbole einfach zeichnen lernen** ausführlich vermitteln. Die wichtigsten Gestaltungstipps zur wirkungsvollen Nutzung von Schrift, Bild und Farbe haben wir am Ende dieses Buches noch einmal für Sie zusammengestellt.

Probieren Sie das Außergewöhnliche. Viel Spaß!

Bevor es losgeht …

Ein Blick auf die Bandbreite kreativer Präsentation

Das Ziel einer jeden Präsentation ist es, dass Sie Ihr Publikum erreichen wollen: mit Ihrer Botschaft, Ihren Themen und der Form der Ansprache. Sehr verbreitet und beliebt sind in Organisationen und Unternehmen inzwischen die digitalen Präsentationen mit PowerPoint, Keynote und Prezi. Egal, welches dieser Systeme Sie nutzen, Sie erhalten eine Vielzahl an Möglichkeiten zur Gestaltung Ihrer Informationen, können Bilder integrieren, animieren und Verknüpfungen erstellen. Damit lassen sich Präsentationen leicht vorbereiten und sehen hinterher professionell aus.

Digitale Präsentationen bieten sich in vielen Situationen an. Analoge und noch dazu analoge kreative Präsentationen bieten darüber hinaus aber viele Möglichkeiten, die digitale Systeme nicht besitzen.

Digitale Präsentationen	Analoge kreative Präsentationen
Die Präsentationsfläche (Wand oder Bildschirm) ist in der Regel im Hintergrund gelegen. Ein ungünstiger Ort für Inszenierungen. Kein Regisseur würde auf einer Bühne wichtige Botschaften im Hintergrund arrangieren.	Die Präsentation kann näher am Publikum stattfinden. Kreative Präsentationen kommen in den Raum, nutzen Flächen auf dem Boden, auf Tischen, an Flipchart und Pinnwand. Der/die Präsentierende kann auch Elemente in die Hand nehmen oder im Publikum verteilen.
Die Präsentationsfläche ist zweidimensional und immer gleich – egal, worum es geht. Häufig inzwischen ein großformatiger Bildschirm: „Wieder ein Bildschirm" – genauso wie im Büro, zuhause, auf dem Smartphone, dem Tablet, dem Info-Display, der Werbetafel …	Mit unseren kreativen Präsentationen suchen wir den Formatwechsel. „Anders als Bildschirm": anders bunt, andere Größe, teilweise mit Vorder- und Rückseite, mal kleiner, mal größer und nicht so, wie man es immer hat.
Dem Gehirn wird wenig geboten. In digitalen Präsentationen sieht es immer gleich aus: die gleichen Formen, Schriftgrößen, Zeilenabstände, Farben und Bilder. Ganz besonders gilt dies bei Präsentationen im Firmen-Design. Das Gehirn signalisiert „Kenn ich schon" und schaltet ab, wenn alle Folien sich ähneln oder wenn Präsentationen mehrerer Speaker hintereinander alle gleich wirken.	Neugierde und Aufmerksamkeit sind vorprogrammiert, wenn die Präsentation „anders" aussieht. Unser Gehirn ist ein Neuigkeitsdetektor, will überrascht werden und wird dann besonders aktiv, wenn etwas passiert, was nicht zu erwarten war.

Digitale Präsentationen	Analoge kreative Präsentationen
Die Projektionsfläche ist statisch. Der Raum bleibt statisch: Alles ist immer am gleichen Platz. Der/die PräsentatorIn stellt sich an die Seite, weil er/sie nicht den Blick auf die Präsentation verstellen will. Aus der seitlichen Position heraus will er/sie eine Beziehung zum Publikum aufbauen.	Der/die PräsentatorIn kann die Präsentation in den Raum holen und die Distanz zum Publikum verkürzen. Er/sie kann sich zwischen kreativen Präsentationselementen bewegen und leichter mit dem Publikum interagieren.
Perfektionismus wird suggeriert. Die leicht zu gestaltenden Folien wollen immer perfekt aussehen. Der Rechner erzeugt Schriften, Farben, Formen – alles erscheint makellos, glatt gelutscht und uniform. Oft hat das, was zu sehen ist, nichts mit der Persönlichkeit des oder der Präsentierenden zu tun.	„Handmade" spricht an und liegt im Trend. Viele Werbebotschaften und digitale Plattformen spielen mit handgezeichneten Elementen. Die damit einhergehende Einfachheit, kleine Unsauberkeiten und Unregelmäßigkeiten liegen in der Natur des Menschen und sind charmant. Das, was zu sehen ist, trägt viel stärker eine persönliche Handschrift.

Kreative Präsentationen suchen Andersartigkeit, Abwechslung und Überraschung

Die Nutzer digitaler Präsentationssoftware kennen die vielseitigen Formen der Animation: Texte oder Abbildungen können bewegt und inszeniert werden. Das erregt das Interesse des Publikums, regt die Gehirntätigkeit an und erhöht die Aufmerksamkeit.

Screenshot: Ein Teil der Animationen in PowerPoint

Mit unseren kreativen Präsentationen greifen wir diese Logik auf. Auch wir wollen nicht immer das Gleiche tun, sondern Spannung aufbauen, variieren und überraschen. Bei unseren Betrachtern wollen wir Neugierde und Interesse anregen, das Gehirn durch überraschende Effekte stimulieren und damit die Präsentation zu einem unvergesslichen, raumfüllenden Erlebnis machen.

Präsentation ist das, was wir daraus machen: mit guten visuellen Ideen und einem mutigen Blick auf den Raum, in dem präsentiert werden soll.

Auftrittseffekte: Das beeindruckend einfache Spiel mit der Aufmerksamkeit

Nicht alle Spielarten kreativer Präsentation hat man stets im Blick. Die folgende Übersicht will die wesentlichen Effekte aufzeigen und Lust auf noch mehr Beispiele und Varianten in den kommenden fünf Kapiteln machen.

Komplett zu sehen

Ein Motiv ist von vorneherein komplett zu sehen: Das gibt Übersicht und sichere Orientierung.

Nach und nach aufhängen

Zu Beginn ist nur ein Teil sichtbar – die Präsentation wächst im Laufe der Zeit.

Leeres füllen

Eine leere Form (hier: Rahmen) ist von Anfang an vorhanden und wird im Laufe der Präsentation gefüllt.

Unerwartet auftauchen lassen

Fast schon Magie: Die ganze Zeit war etwas zu sehen, aber die eigentliche Botschaft versteckt sich darunter und wird freigelegt.

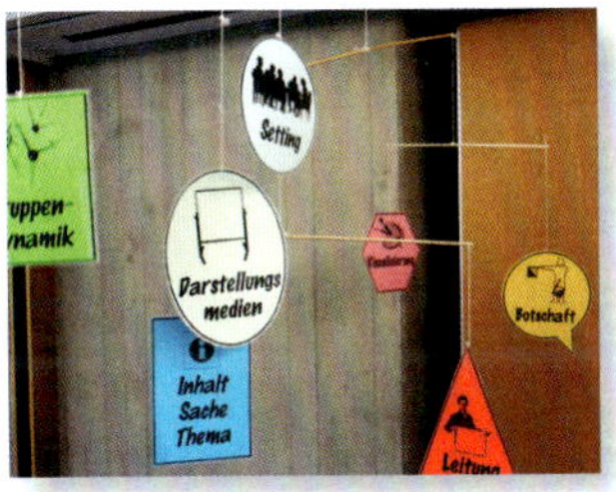

Aufhängen

Ob Mobilé oder Wäscheleine: Mit hängenden Objekten bespielen wir ungenutzte Flächen, Winkel und die luftigen Bereiche des Raumes.

Stapeln

Auch eine Form der Raumnutzung: Das Aufeinanderstapeln symbolisiert Verlauf, Menge und Zunahme.

Umdrehen

Besonders wirkungsvoll im Zusammenhang mit Veränderungen: Das Eine verschwindet – das Andere rückt in den Blick.

In der Hand halten

Die Hände sind beschäftigt und mit direktem Blick ins Publikum kann der/die Präsentierende den Vortrag entwickeln.

Im Raum aufstellen

Den Boden eines Raumes betrachten wir in erster Linie als eine Fläche. Einerseits ist sie mit Sitzplätzen der ZuschauerInnen gefüllt, andererseits bietet sie auch viel Platz und Zwischenraum für unsere Objekte.

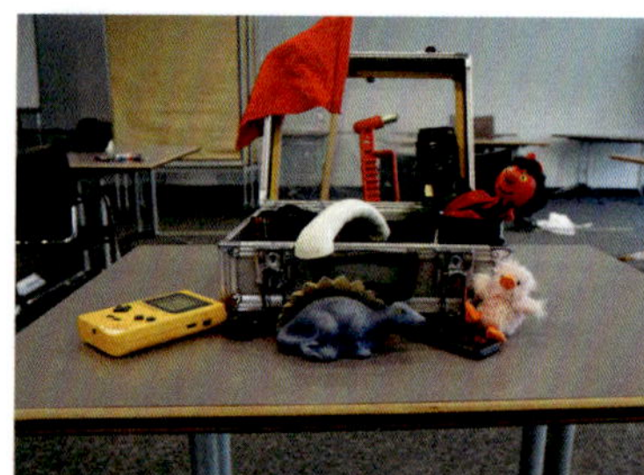

Verborgenes aufdecken

Abgedeckte Objekte sind spannend und regen sofort Neugier und Fantasie an: Was passiert gleich? Was wird zu sehen sein? Ist es das, was ich erwarte?

Unordnung sortieren

Mit dem Sortieren wird dem Chaos Struktur gegeben: Aus einem thematischen Wirrwarr kann in der Präsentation eine logische Abfolge entstehen.

Hineingreifen und herausholen

Der Griff hinein erzeugt Spannung – egal ob bei gezeichneten oder real im Raum vorhandenen Objekten: Was kommt als Nächstes?

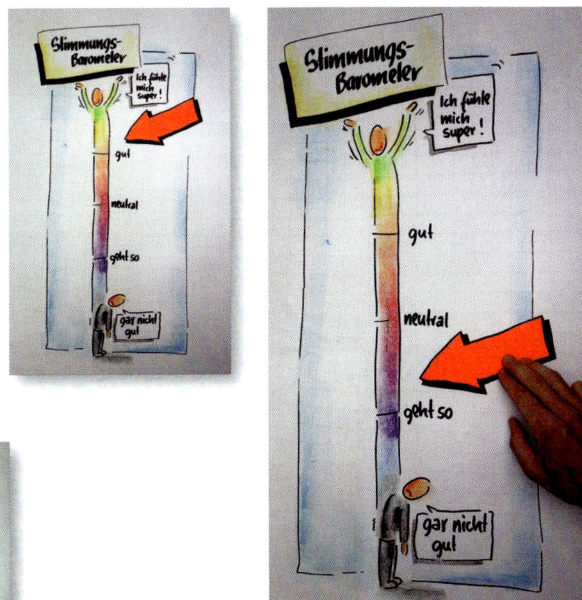

Verschieben

Kommt die Hand des Präsentators ins Spiel, folgt der Blick ihr sofort. Beim Verschieben von Elementen kann sich der/die ZuschauerIn der Bewegung nicht entziehen.

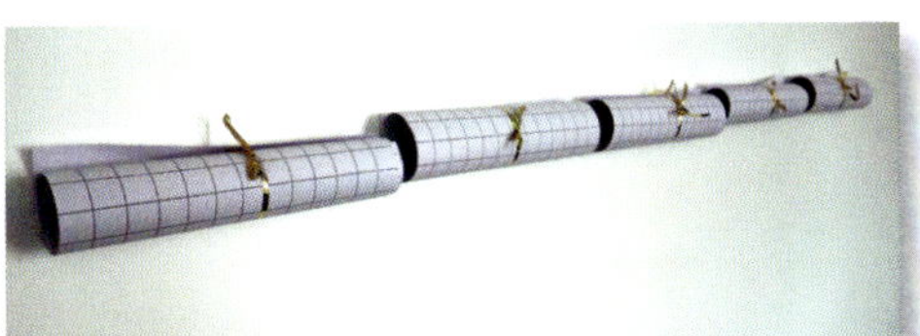

Entrollen

Aufgerollte Papierbögen erzeugen erst einmal Spannung – das daran anschließende Entrollen fesselt den Blick des Betrachters.

Eyecatcher & Effects

Auffallende und verblüffende Effekte mit verschiedenen Medien und Materialien

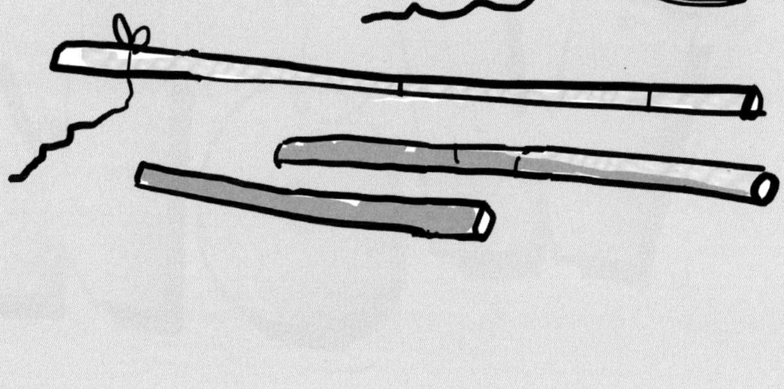

WOW

In diesem Kapitel finden Sie:

Anregungen zur kreativen (Um-)Nutzung vertrauter Medien in Schulungs- und Meetingräumen.

Viele verblüffende Effekte für ganz unterschiedliche Präsentationssituationen.

Und ...

Material- und Handling-Tipps für die meisterhafte Präsentation.

Kapitel I

Eyecatcher und Effekte mit unterschiedlichen Medien und Materialien

01
Simple Tricks mit Moderationskarten

02
Mit geklebten Motiven überraschen

03
Statisch aufgeladene Folien zum Verschieben

04
Verblüffende Flipchart-Effekte

05
Den Raum für Installationen nutzen

01

Simple Tricks mit Moderationskarten

Moderationskarten finden sich in nahezu jedem Meetingraum. Mit kleinen Veränderungen wird aus diesen farbigen Papierbögen ganz schnell ein richtiger Blickfang.

Moderationskarten zum Anpinnen

Ein Evergreen: Moderationskarten in Form von Rechtecken, Sprechblasen, Kullern und Waben. Je nach Hersteller gibt es eher kräftige (www.neuland.com) oder softere (www.nitor.de) Kartenfarben.

Kleberöllchen aus Kreppklebeband sind eine Alternative zum Befestigen der Karten mit Nadeln

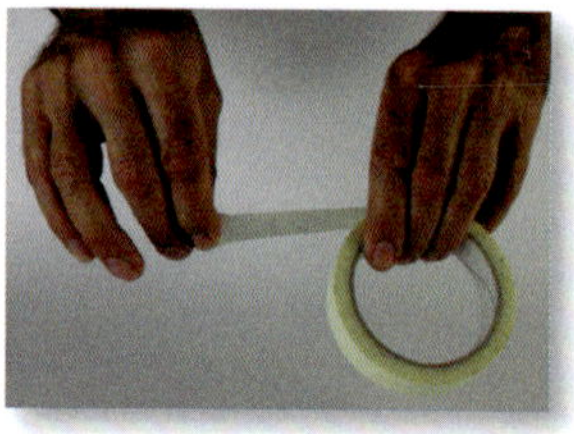

Ein ca. 7 cm langer Streifen wird von der Rolle abgerissen ...

... und so zusammengerollt, dass die Klebefläche außen sitzt.

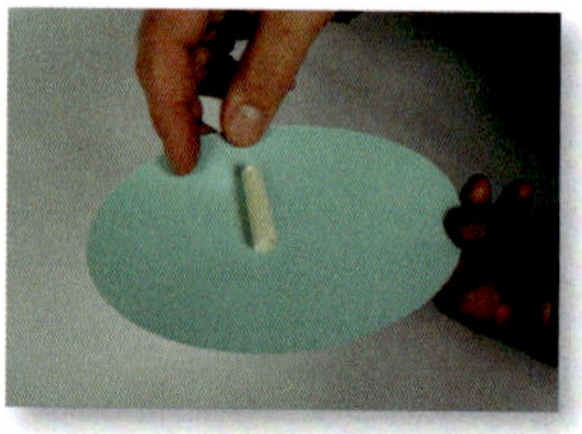

Schon ein einziges Kleberöllchen senkrecht auf der Rückseite angebracht sorgt für den nötigen Halt.

Ganz unkompliziert lassen sich die Karten in der Präsentation nach und nach aufkleben.

Selbstklebende Karten oder Post-its®

Im Kontext der agilen Methoden sind neben den klassischen Post-its® eine Vielzahl von klebenden Karten auf den Markt gekommen. Besonders interessant für Präsentationen: Zusätzlich zu den dominierenden Leuchtfarben gibt es nun ein Angebot an zurückhaltenden Farbtönen.

Selbstklebende Moderationskarten: „sticky notes" von www.neuland.com in verschiedenen Formen, Größen und Farben

Inzwischen nahezu für jeden Farbwunsch das passende Angebot: Post-its® von www.3mdeutschland.de

Damit klebende Karten in Präsentationen nicht abstehen, sondern anliegen und gut wirken, müssen sie richtig vom Zettelblock gelöst werden.

Falsch: Dieses Post-it® wurde von unten nach oben vom Block abgerissen. Es bekommt einen Knick und wird vom Papier unschön abstehen.

Richtig: Ein von links nach rechts abgelöstes Post-it® wird glatt an der Präsentationsfläche haften und auch später wieder genauso zu benutzen sein.

Moderationskarten hintereinander positionieren

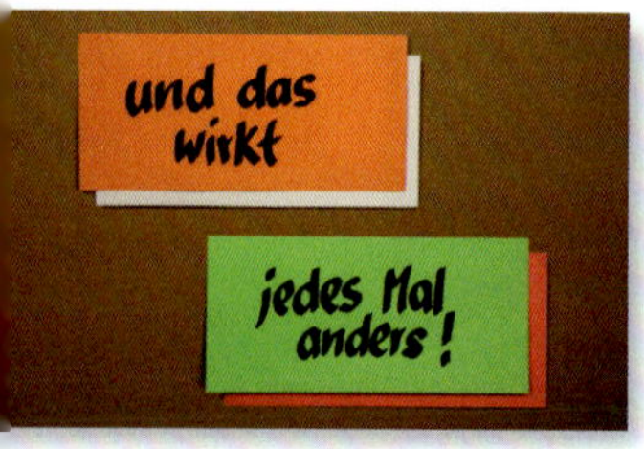

Geht schnell und fällt immer auf: Zwei Karten werden leicht versetzt zusammen angepinnt oder geklebt. Sofort entsteht Tiefenwirkung. So lässt sich schnell eine Überschrift gestalten.

Bei Moderationskarten in kräftigen Farben ist es umso wichtiger, Schwarz als Schriftfarbe zu nehmen. Farbige Schriften werden „aufgesogen" – schon auf wenige Meter Entfernung ist dann das Geschriebene nicht zu erkennen.

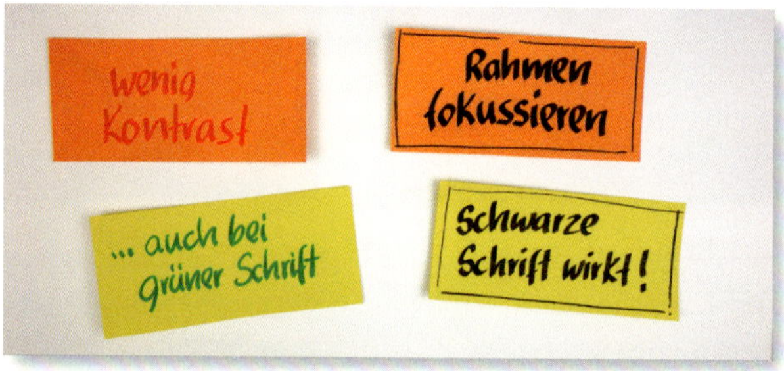

Aus einer Moderationskarte wird ein Baustein – so geht's!

1 Text auf die Moderationskarte schreiben: etwas mehr nach links orientiert, anstatt genau mittig.

2 Mit dünnen Linien ein Rechteck um die Schrift ziehen. Das Rechteck stößt links unten an – hat aber Abstand nach oben und zur rechten Seite.

3 Von den drei Ecken jeweils einen Strich nach rechts oben im 45-Grad-Winkel ziehen. Die drei Linien haben dabei exakt den gleichen Winkel.

4 Die obere und rechte Seite des Bausteins werden geschlossen.

5 Mit einer Schere die beiden Ecken abschneiden (oder abknicken) – fertig!

Ein Banner als Überschrift markant herausstechen lassen

Die erste Moderationskarte wird mit Text, Symbol und Rahmen beschriftet. Karte Nr. 2 wird in der Mitte durchgeschnitten.

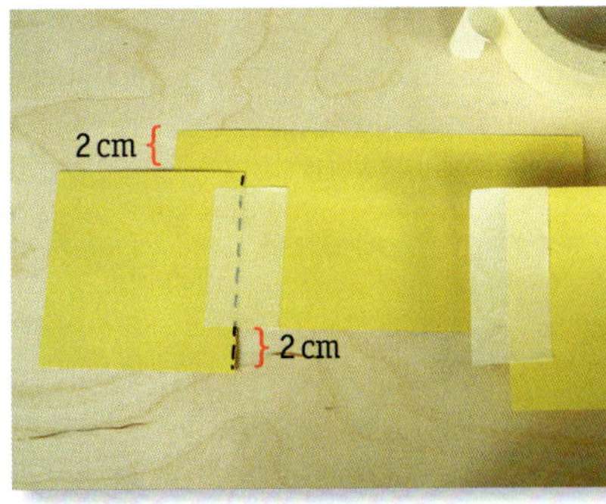

Die Textkarte wird umgedreht und auf ihrer Rückseite die beiden auseinandergeschnittenen Hälften festgeklebt. Ganz wichtig: Die Karten sind zueinander um zwei Zentimeter versetzt.

Einschnitte an jeder Seite verleihen später den Eindruck flatternder Enden.

Auf der Vorderseite werden die Rahmenlinien ergänzt: fertig!

Tipp

Für größere Textmengen nimmt man im mittleren Teil einen langen Überschriftenstreifen (9,5 x 54,5 cm) oder drei einfache aneinandergeklebte Rechteckkarten. Die flatternden Enden sind normale Rechteckkarten.

Eine Prozesskette mit rhombenförmigen Moderationskarten entwickeln

Bei den Rhombus-Karten wird jeweils die linke Ecke eingeknickt.

Entlang der eingeknickten Ecke markieren wir uns die Schnittlinie …

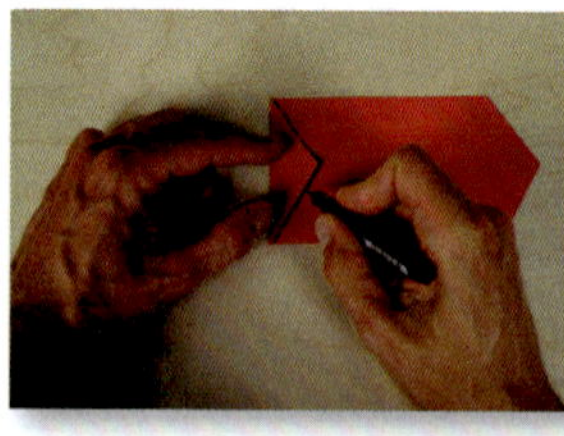

… und schneiden die Karte entsprechend zu.

Jetzt können die Begriffe geschrieben und ein Rahmen gezogen werden.

Für die Präsentation sind Kleberöllchen auf der Rückseite fixiert worden. Die Karten stehen etwas ab – es entsteht ein interessanter Schatten-Effekt.

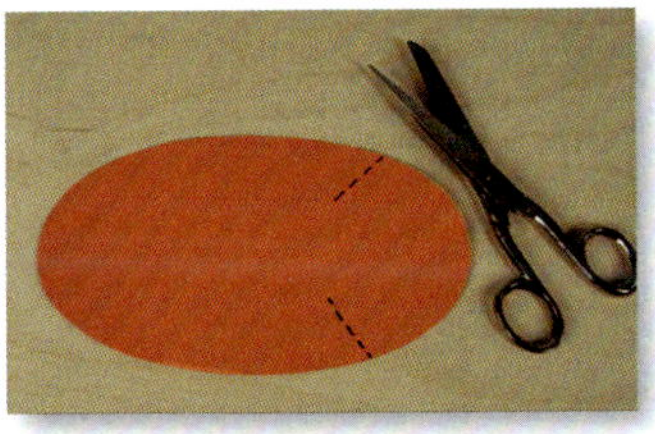

Der Fisch – ein einfaches und vielseitiges Objekt

Basis ist eine ovale Moderationskarte. An einer Seite werden zwei Einschnitte gesetzt.

Entlang der Schnittkante werden kleine dreieckige Flächen nach rechts und links weggeknickt. Auf dieser Rückseite wird das Kleberöllchen fixiert.

Umdrehen: Zum Schluss wird der Fisch auf die Vorderseite gezeichnet.

Der Fisch im Einsatz: In beiden Plakaten steht die Mobilität während der Präsentation im Vordergrund – die Fische werden nach und nach auf dem Motiv platziert.

Ovale Karten für Sprechblasen nutzen

1 Eine ovale Moderationskarte muss geopfert werden: Die abgetrennten Endstücke benötigen wir für den Zapfen von vier Sprechblasen.

2 Jedes Endstück halbieren wir und gewinnen daraus zwei Zapfen.

3 An der Rückseite einer neuen Moderationskarte wird der Zapfen mit einem Streifen Klebeband fixiert. Das sieht am besten aus, wenn der Zapfen nicht mittig, sondern seitlich versetzt angebracht wird.

4 Die Vorderseite bekommt einen dünnen schwarzen Rahmen: Fertig ist die perfekte Sprechblase.

5 Im fertigen Motiv symbolisieren die selbstgemachten Sprechblasen die Teilnehmerstimmen.

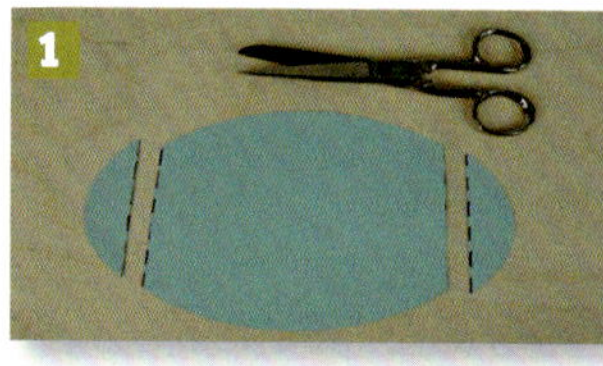

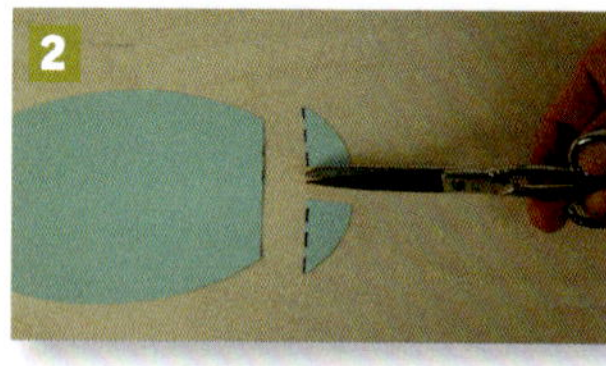

Das macht's zusätzlich interessant: Ein Teil der Sprechblasen kommt von links – bei anderen zeigt der Zapfen in die entgegengesetzte Richtung.

Aus grünen Post-its® werden Blätter für den Baum der Erkenntnis

Aus selbstklebenden Moderationskarten oder Post-its® entstehen die Blätter für den Baum der Erkenntnis.

Die gesamte Feedback-Methode „Der Baum der Erkenntnis" gibt's im Download.

Ganz schnell entstehen rundliche Blätter aus rechteckigen Karten: einfach an zwei gegenüberliegenden Seiten die Ecken abschneiden.

Wenn's geht, nehmen wir Blätter in verschiedenen, zueinander passenden Farben.

Für Tüftler und Ratefüchse

Auch diese Würfel sind aus jeweils einer Moderationskarte entstanden. Kleiner Tipp: Es funktioniert ganz ohne Schneiden und die dafür passenden Karten sind auf Seite 20 im Koffer zu sehen …

Viel Spaß beim Ausprobieren!

02

Mit geklebten Motiven überraschen

Ein mit dem „Hafti"-Klebestift bestrichenes Papier erhält eine neue Eigenschaft: Es kann aufgeklebt und wieder abgelöst werden. Basierend auf dieser Eigenschaft lassen sich außergewöhnliche und vielfältige Effekte erzeugen.

Nachträglich eingeklebte Symbole müssen von Anfang an ein-geplant werden. Hier z.B. ist hinter dem Wort „sinnlich" eine ausreichend große Lücke platziert worden, damit das Herz in der Präsentation seinen Platz findet.

Auch die Puzzleteile brauchen Platz – dafür wurde die Rahmenlinie unterbrochen.

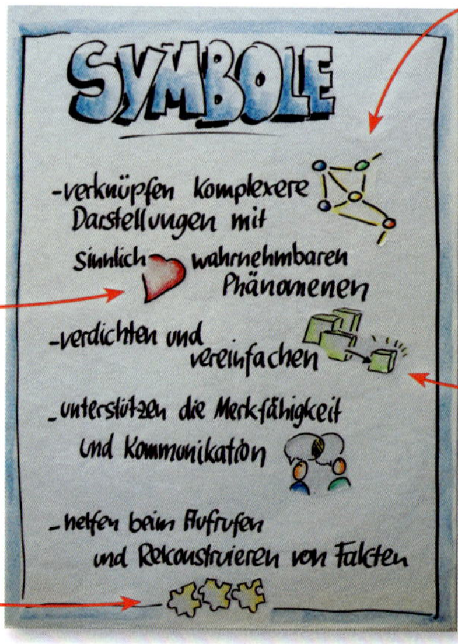

Zweidimensionale Zeichnungen gelingen leichter. Dieses Netzwerk-Symbol besteht einfach nur aus „Kullern", „Linien" und ein paar farblichen Akzenten.

Dreidimensionale Zeichnungen erfordern Präzision: Alle Linien müssen die richtige Position haben und alle Winkel stimmen – schwierig, aber nicht unmöglich. Gute Vorlagen helfen, wie z.B. unser Buch „Business-Symbole einfach zeichnen lernen".

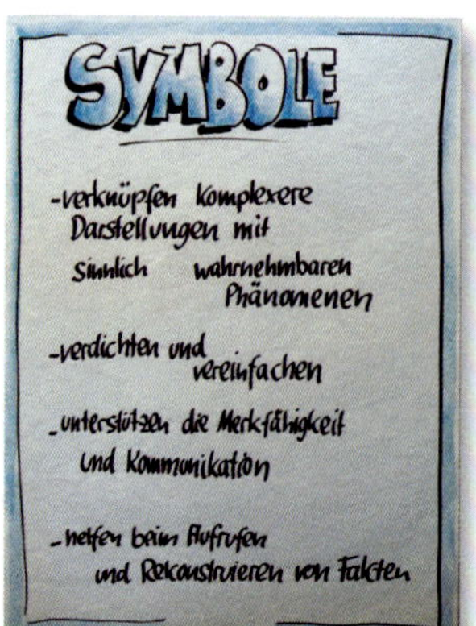

Die ganze Geschichte: Dieses Plakat nutzen wir im Flipchart-Workshop, um die Bedeutung von Bildern in Präsentationen zu betonen. Dafür zeigen wir das Plakat zuerst ohne Bilder. Vor den Augen der ZuschauerInnen werden die mit dem Klebestift bearbeiteten Bilder hineingeklebt. Der Vorher-Nachher-Effekt überzeugt.

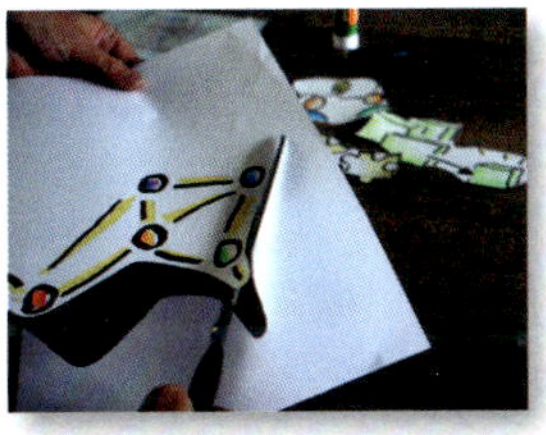

Vorbereitung mit dem Klebestift

Die selbst angefertigten Sticker werden zuerst gezeichnet und dann passend zugeschnitten.

Das Motiv wird auf der Rückseite eingestrichen – einmaliges Auftragen reicht in der Regel. Sollte dann nach einiger Zeit die Klebewirkung nachlassen: einfach noch einmal neu auftragen.

Für Präsentation und Lagerung finden die Motive ihren Platz in einer DIN-A5-Hülle. Dort haben wir sie so angeordnet, dass jeweils das zu greifende Bild oben liegt. Vor der Präsentation lockern wir jedes Bild kurz, damit es nicht im entscheidenden Moment an den anderen haften bleibt.

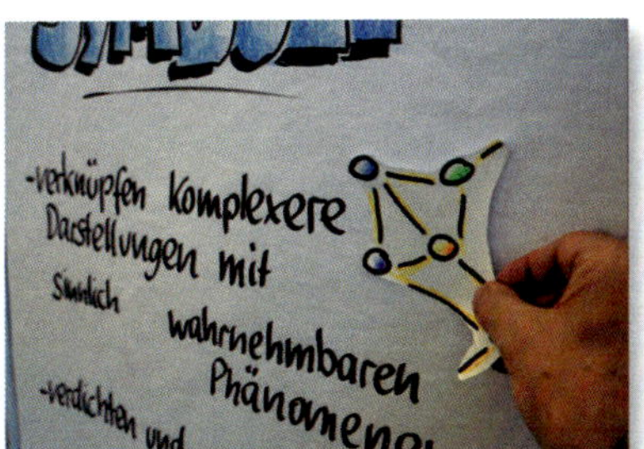

Für den Moment der Präsentation ist damit alles griffbereit. Nach und nach werden die Einzelbilder parallel zum Text des/der Sprechenden in das Plakat geklebt.

Tipp

„Der Hafti"-Klebestift von Lupus ist zurzeit das einzige unkompliziert zu erhaltende Produkt, das über die Eigenschaft „ablösbar" verfügt (erhältlich bei https://www.lupus-produkte.de/). Ähnlich wirken noch die Sprays der Mount-Serie von 3M – allerdings sind sie eher für große Flächen geeignet.

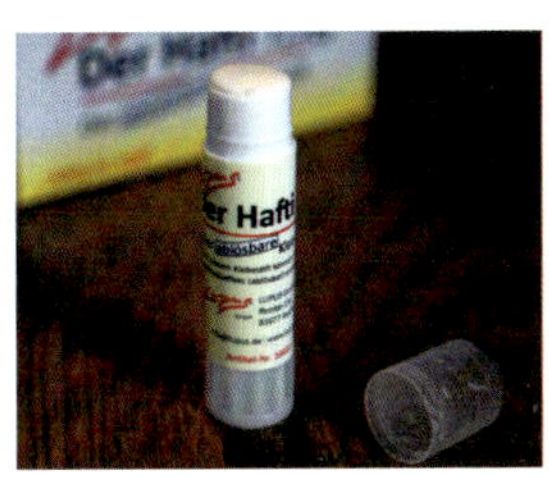

1. „Hineinkleben“: Eine Präsentation entsteht nach und nach

Das Prinzip ist verblüffend einfach und gibt dem/der PräsentatorIn die Freiheit, das eigene Sprechtempo und die Reihenfolge der Beiträge zu entwickeln.

Das Plakat empfängt die BetrachterInnen mit der Überschrift – der weitere Verlauf dieser Präsentation ist unklar.

Mit den ersten Stickern wird den Zuschauenden deutlich, wie sich das Plakat nach und nach füllen wird.

So präsentiert sich das fertige Motiv. Wenn, wie bei diesem Motiv, alle Elemente mobil sind, können sogar Kommentare oder Hinweise der Teilnehmemenden problemlos ergänzt werden.

Braucht die Präsentation mehr Platz, weichen wir auf die Pinnwand aus. Oft findet sich dort braunes Pinnwandpapier, auf dem die vorbereiteten Klebeelemente gut wirken. Es liefert einen interessanten Kontrast zu den geklebten Zeichnungen.

Schwieriges vorbereiten

Manche Motive sind einfach zu schwierig, um sie aus der Hand und am Flipchart stehend zu zeichnen. Wir bereiten sie am Schreibtisch in Ruhe vor, kleben sie zur Präsentation einfach auf und können sie auch noch in anderen Zusammenhängen nutzen.

Unkompliziert in der Vorbereitung: Die Klebegeschichte für eine Pinnwand

Die Einzelmotive dieser Story sind nahezu im Format DIN-A4 – zu groß also für ein Flipchart. Der Reihe nach angeordnet, kleben sie in Warteposition auf einem passenden Kartonbogen, den wir in eine Klarsichthülle gesteckt haben, damit sich die Einzelteile gut lösen lassen.

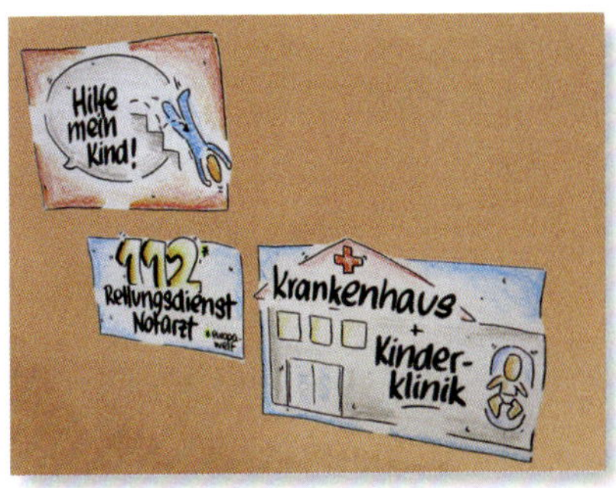

Eine Pinnwand bietet ausreichend Platz zum Aufkleben der Einzelbögen. Schritt für Schritt entwickelt der/die Präsentierende das Thema.

Gegenüber einem vorgefertigten Plakat hat die Präsentation mit Einzelbildern den Vorteil, dass man extrem flexibel auf das jeweilige Publikum reagieren kann. Es ist problemlos möglich, etwas wegzulassen, etwas hinzuzufügen oder die Anordnung und damit den Ablauf der Präsenta-tion anzupassen.

Fertige Bilder nutzen – eine überraschende Variante des „Hineinklebens"

Nicht immer muss das Basismotiv selbst gezeichnet sein. Auch fertige Bilder wirken im Zusammenspiel. Geeignet sind dafür möglichst textarme Motive, die eine eindeutige Grundaussage haben, wie z.B. Abbildungen von Landschaften oder (alte) Schulkarten.

Eine Schulkarte am Garderobenständer wurde hier zum Hingucker und Trägerplakat der Präsentation: Der Charme des antiquierten Motivs mischt sich mit aktuellen Aussagen zum Thema Marketing.

Diese Präsentation mit großformatigen Post-its® basiert auf einem Kalenderblatt. Es lohnt sich, die oft großformatigen und farblich überzeugenden hochwertigen Drucke aufzuheben.

„Vor Ort" fanden wir im Veranstaltungsraum dieses Bild eines Industriegeländes und konnten nicht anders, als es in unsere Präsentation zu integrieren. Auf der Glasscheibe hielten die Aufkleber natürlich unkompliziert und ließen sich rückstandsfrei entfernen.

2. „Entfernen": Unter abgedeckten Flächen warten weitere Informationen

Beim „Entfernen" sieht der Betrachter zuerst ein Motiv – weiß aber noch nicht, dass sich darunter auf dem Plakat eine zweite Bildebene befindet. Gerade beim ersten Mal sorgt das für Verblüffung.

„Der Klassiker" bei den überraschenden Effekten in einer Präsentation: Eine Botschaft ist auf dem Plakat in Wort und Bild zu sehen ...

... unter dem mit dünner Rahmenlinie gezeichneten Bildmotiv verbirgt sich die wahre Aussage. Der Effekt wirkt dann besonders gut, wenn das geklebte Element präzise entlang der schwarz gezeichneten Linien ausgeschnitten wurde.

Im „Resilienz-Plakat" haben wir nur das Bild ausgetauscht: Das Vorgehen mit dem darunterliegenden Bild verstärkt eindrucksvoll die Kernaussage „das Alte entfernen, damit das Neue zum Vorschein kommen kann".

Mehrere überraschende Elemente in einem Motiv verstecken

Zu Beginn wartet das nahezu leere Plakat auf sein Publikum.

Der/die Präsentierende greift an verschiedenen Stellen in das Plakat und löst Teile der Wiese. Darunter verbirgt sich jeweils ein neues Symbol.

Von der Machart her unkompliziert: Das komplette Motiv wurde gezeichnet und die Bildelemente dann mit gefärbten Papierstücken aus dem gleichen Material (hier: Flipchart-Papier) abgedeckt.

Erst zum Schluss komplett: Während der Präsentation bleibt die ganze Zeit die Spannung erhalten, ob der/die Präsentierende nicht doch noch irgendwo etwas versteckt hat.

Für die flüssige Präsentation ist es wichtig, dass die aufgeklebten Papierstücke gut zu greifen und abzulösen sind. Die dafür vorgesehene Griff-Stelle sollte leicht geknickt und frei von Klebstoff sein.

Ein zweiter Papierbogen verdeckt das wirkliche Motiv

Nahezu das ganze Plakat wurde hier mit einem zweiten Papierbogen bedeckt. Das langsame Entfernen des angeklebten Bogens ließ zudem noch viel Zeit für Spannungsaufbau und Anmerkungen der Präsentierenden.

Die effektvolle Verwandlung des Plakates unterstützt zusätzlich die Botschaft einer „Veränderung durch gemeinsames Engagement".

Von vorneherein eingeplant ist eine große Fläche unterhalb des Motivs für die zentralen Aussagen zum Thema Crowdfunding. Sie wurde mit klebenden Karten gefüllt.

03

Statisch aufgeladene Folien zum Verschieben

Auf glatten Flächen aus Papier, Kunststoff oder Glas lassen sich statisch aufgeladene Folien leicht verschieben und bieten Gelegenheit, in einer Präsentation Bewegungseffekte zu erzeugen und Überraschungen einzubauen.

Auf einem eigenen Bogen weißer Folie befinden sich Titel und Legende.

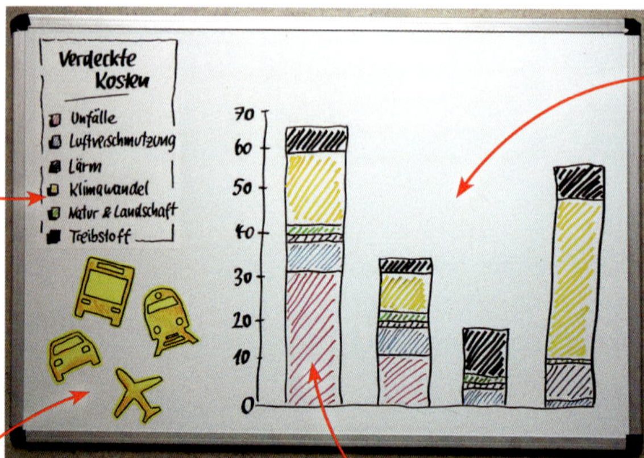

Das einzige direkt auf das Whiteboard gezeichnete Element ist das Säulendiagramm. In jeder erneuten Präsentation wird es angepasst.

Die zum Thema gehörigen Fahrzeuge sind von Beginn an sichtbar und regen den Betrachter an, die Geschichte schon für sich selbst zu entwickeln.

Whiteboardmarker gibt es inzwischen auch in helleren und pastelligeren Farbtönen (z.B. bei www.neuland.com).

Die ganze Geschichte: Bei dieser grafischen Gegenüberstellung von Kosten wird schnell deutlich, wie man die Aufmerksamkeit mit Interaktion beeinflussen kann. Mit dem Bewegen der gezeichneten Symbole wächst die Spannung. Zudem kann der/die Präsentierende mit den Zuschauern interagieren und deren Meinung unkompliziert visualisieren: „Wo sollte ich Ihrer Meinung nach den Bus platzieren?"

Material und Handling: So gelingen Effekte mit statischen Karten

Statisch aufgeladene Folien gibt es in vielen Farben und Formaten bei verschiedenen Herstellern. Wie immer: Jeder hat so seine Besonderheiten ...

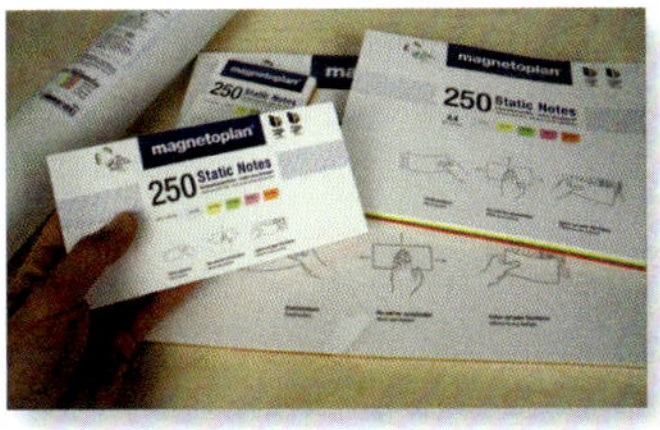

Static Notes: Leuchtende Farben. Blöcke mit einer Mischung aller Farben. Ideal zum Durchpausen. Folien auch im Format DIN-A3 (www.magnetoplan.com).

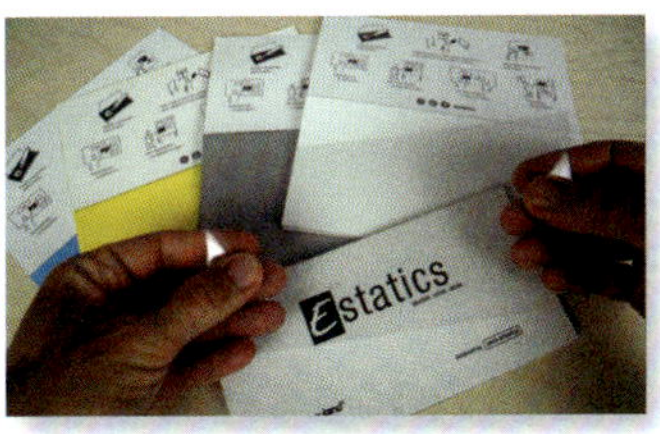

Estatics: Blöcke mit jeweils einer Farbe (insgesamt acht). Auch transparente Folien. Einzelne Farben bis Größe DIN-A5 (www.neuland.com).

Die leicht transparente Eigenschaft der Folien ist ideal in der Vorbereitung. Auf dem Tisch liegend oder gegen ein Fenster gehalten, lässt sich das Original gut durchpausen.

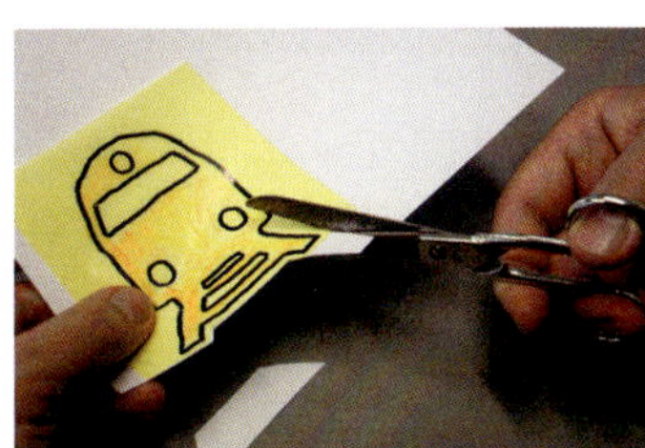

Zum Ausschneiden legen wir die statische Folie auf einen Bogen Papier. Gut geeignet ist dabei ein etwas stärkeres Papier (Moderationskarte o.Ä.).

Viele Stifte lassen sich gleichermaßen auf Folie *und* normalem Papier nutzen. Aber nicht alle – deshalb vorher ausprobieren! Anders als beim Gebrauch auf Papier benötigen alle Stifte einen Moment Zeit, um zu trocknen! Beim Beschriften muss auf die Handhaltung (s.u.) geachtet werden: Es besteht die Gefahr, dass man verschmiert.

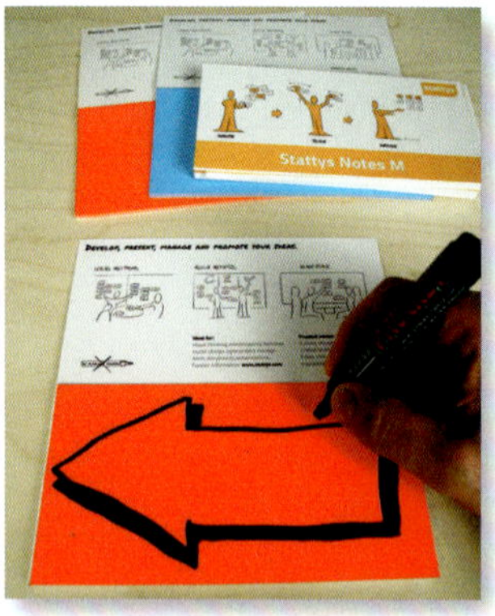

„Der orange Pfeil" - unser auffälliger Präsentationsklassiker

Auf einer leuchtend orangen statischen Statty-Folie (www.stattys.com) wurde dieser Pfeil gezeichnet.

Egal, ob wir unsere Story auf einem gedruckten oder selbstgezeichneten Motiv präsentieren – der orange Pfeil ist ein Hingucker und eine unkomplizierte Präsentationshilfe.

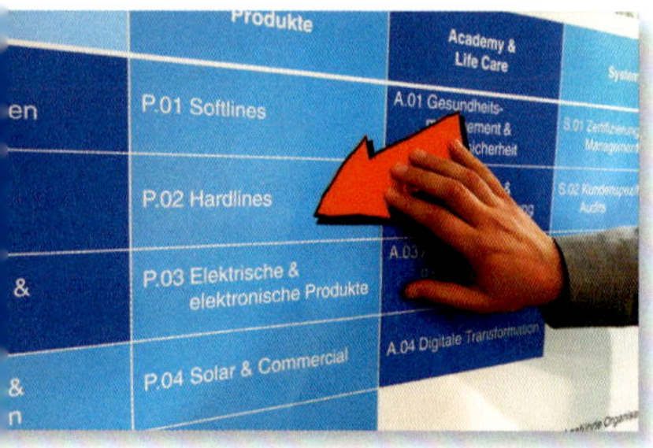

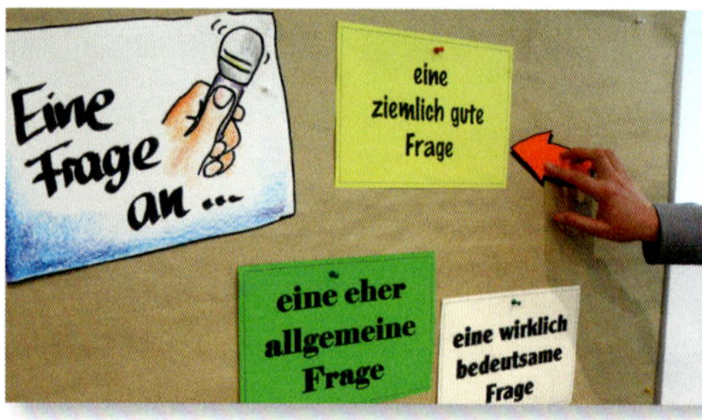

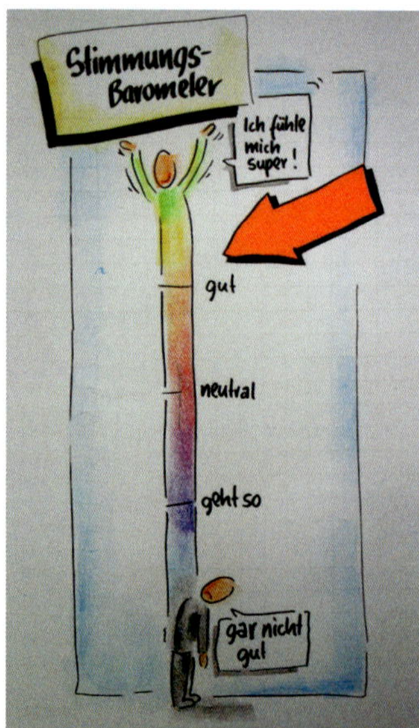

Der orange Pfeil gibt hier in einer aufgeklebten Agenda aus Moderationskarten Orientierung.

Die Präsentationsfläche ist eine glatte Wand. Statische Folien halten zuverlässig auf glattem Papier oder dem Whiteboard. Bei geknittertem Papier oder raueren Untergründen, Wänden und Tapeten lässt die Haftfähigkeit nach.

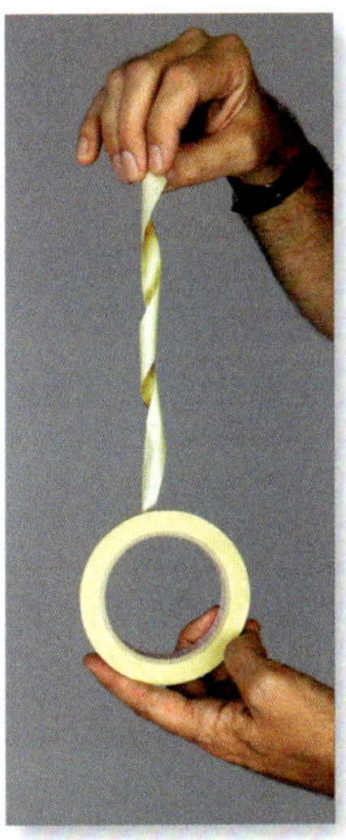

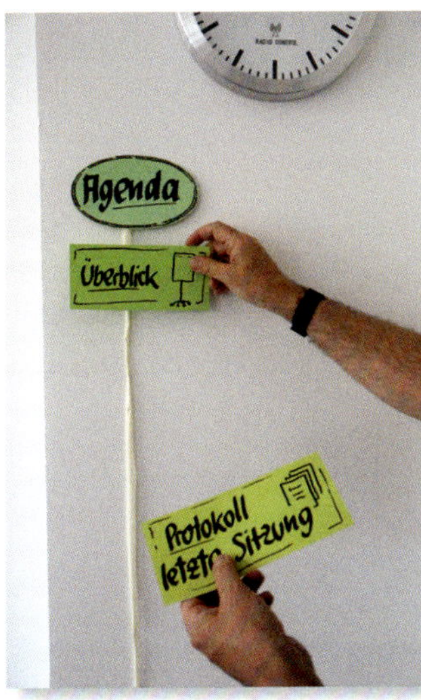

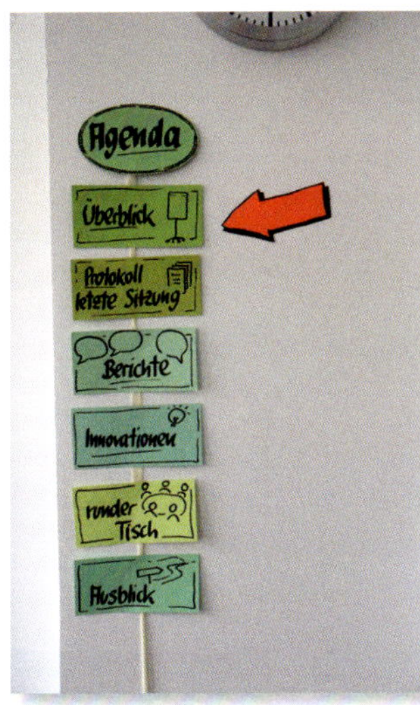

Die „Schlange" aus Klebeband hält die Karten sicher an der Wand: Das Klebeband abrollen und mit einer schwungvollen Drehung der Rolle verzwirbeln.

Die Tesakrepp-Schlange ist rundherum klebrig und lässt sich nach der Präsentation wieder leicht und rückstandsfrei entfernen.

Der Pfeil wandert durch die Präsentation und markiert die jeweiligen Tagesordnungspunkte. Die Agenda bleibt bis zum Ende flexibel, denn es könnten auch Karten ergänzt oder umgehängt werden.

Das Bewegen einzelner Elemente wird zum roten Faden in der Präsentation

So wie der Pfeil können auch andere verschiebbare Elemente Ordnung und Orientierung bieten. Den Betrachtern wird dann schneller klar: „Worüber spricht er gerade?“ Oder: „Was kommt als nächstes?“

Passend zum Thema „Gefahren“ wurde die Haifischflosse als bewegliches Element gestaltet. Damit sie gut zu greifen ist und auch auffällt, darf sie im Verhältnis zu den anderen gezeichneten Bildern ruhig etwas größer sein.

Um eine Vorstellungsrunde begleitend zu visualisieren, wurde aus einer statischen Folie

dieser Zeigering geschnitten. In der Präsentation wird er passend zu den Statements der Teilnehmenden verschoben. Gerade für Trägermotive, die man nicht bekleben oder beschädigen möchte, sind die statischen Folien gut geeignet.

Die Anlaufstellen dieser Präsentation im kommunalen Bereich wurden als Inseln gestaltet. Das Schiff fährt die Strecke ab. Weil das Motiv in Pinnwandgröße angelegt ist, braucht es auch eine großformatige Visualisierung, um wirkungsvoll zu sein.

Static Notes in DIN-A4 haben eine ausreichende Größe für das Schiff.

Als farbige Stifte halten nur Whiteboardmarker auf den dünnen Kunststofffolien. Unser Färbefavorit sind auch hier die Wachsmalblöcke. Sie lösen sich nicht von den Folien und färben auch nicht ab.

Tipp

Statische Folien haben einen Nachteil. Behandelt man sie nicht gut (Berührungen der Rückseite mit Fingern oder Ablage auf staubigen Böden oder Flächen), beeinträchtigt man die Haftfähigkeit.

Ein Pultordner ist ideal zum Lagern und Transportieren der Folien. Einzelne Sichthüllen sorgen dann nochmals für eine sichere Aufbewahrung der Motive.

Unerwartete Veränderungen fesseln den Blick

Wenn auf weißen Folien die gleichen Farben benutzt werden wie im Rest des Motivs, fallen die so gestalteten Elemente den Zuschauern kaum auf.

Im Startbild dieser Präsentation sind die Sandsäcke am Ballon so gezeichnet, als wären sie ein Bestandteil des Bildes.

Gerade beim ersten Mal ist die Überraschung groß. Passend zum Thema „Ballast abwerfen" löst der/die Präsentierende die Ballons und schiebt sie in eine neue Position.

Mit selbstklebenden Moderationskarten kommen anschließend die Erklärungen hinzu. Die Sandsäcke übernehmen nun die Funktion von Aufzählungspunkten.

Nicht nur überraschend, sondern auch eine markante Unterstützung der Botschaft: Der „i-Punkt" wird vor den Augen des Publikums in eine andere Position geschoben und fungiert fortan als Punkt eines Ausrufezeichens.

„Für eine Idee brennen und Andere damit anstecken" ist der Leitgedanke hinter diesem Motiv. Gleich zwei Schiebe-Effekte illustrieren das und bescheren den Zuschauern schon fast ein „Filmerlebnis": Erst schiebt der/die Präsentierende die Flamme als Sinnbild für Begeisterung und Motivation in die Nähe des Teams und dann verändert sich durch eine einfache weitere Bewegung der Gesichtsausdruck der Personengruppe.

Großformatige statische Folien im Einsatz

Wie aus dem Nichts erscheinen Buchstaben und Schriften …

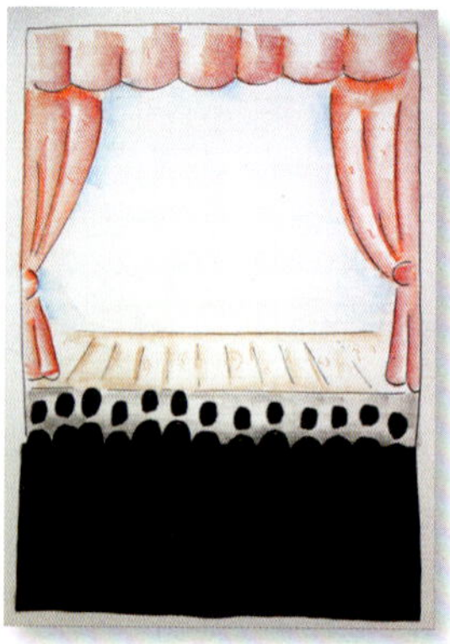

Im schwarzen unteren Bereich des Motivs verstecken sich die verschiebbaren Elemente, …

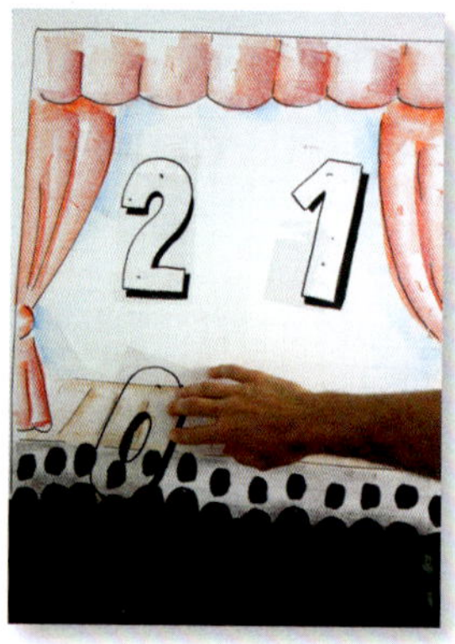

… werden nach und nach aus dem schwarzen Bereich gezogen …

… und zur Präsentation auf die Bühne geholt.

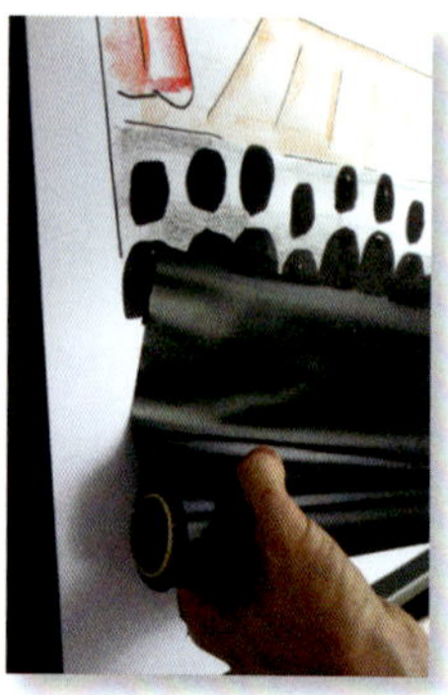

Der Effekt basiert auf schwarzer statischer Folie von der Rolle, mit der wir den unteren Teil des Charts abgeklebt haben (www.legamaster.com). Grundlage für die Zahlen sind transparente Estatics, die natürlich mit einem schwarzen Stift beschriftet wurden (www.neuland.com).

Der seitliche Blick auf das Startbild zeigt, wie die vorbereiteten Schrift- und Zahlenfolien im dunklen Teil für die Zuschauenden nahezu unsichtbar verborgen sind.

Wer am Whiteboard arbeitet, weiß, dass das Färben von größeren Flächen mit dem normalen Whiteboard-Marker unmöglich ist. Schnell hat man hingegen die großformatigen farbigen Static Notes befestigt (DIN-A3 von www.magnetoplan.com). Auf diesen gut haftenden Farbflächen bewegen wir dann weitere statische Karten oder beschriften sie.

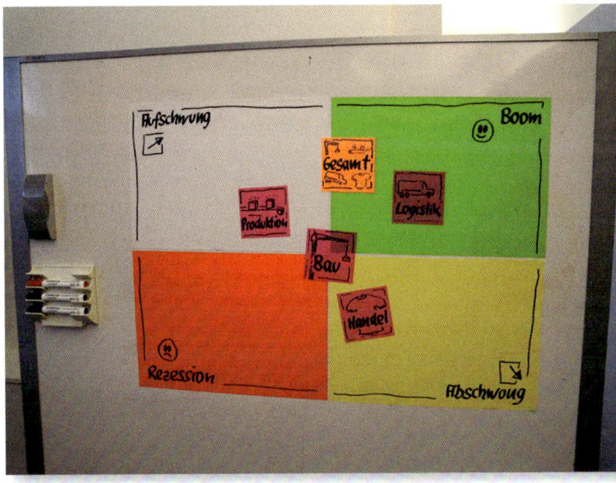

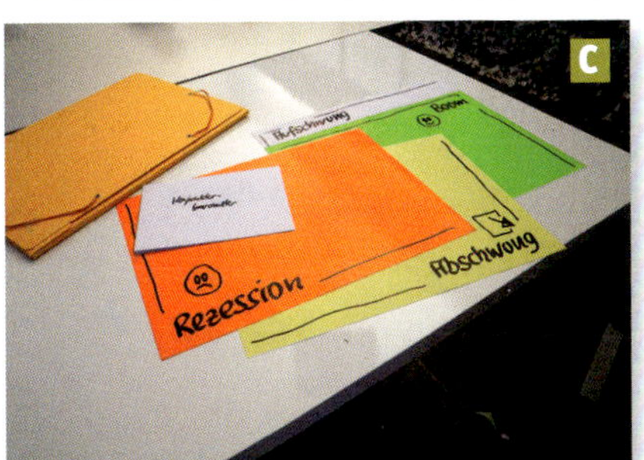

Damit die großen statischen Folien gut verstaut sind und lange Zeit ihre haftende Wirkung behalten, lagern wir kleinere Folien in einer Faltmappe im DIN-A5-Format A, größere Bögen jeweils auf einem passenden eigenen Bogen Papier B und alles zusammen für den Transport in einer Zeichenmappe C.

04

Verblüffende Flipchart-Effekte

Das Flipchart ist generell eine unkomplizierte Fläche für Präsentationen. Vorbereitete Plakate können sicher aufgehängt werden. Neben den schon gezeigten Klebe- und Schiebe-Effekten gibt es natürlich noch weitere Möglichkeiten, optisch zu überraschen.

Die Leiter ist als bewegliches Element aus einem stabileren Material gestaltet (weißes Papier mit 200 gr. Gewicht), denn sie soll mehrfach genutzt werden.

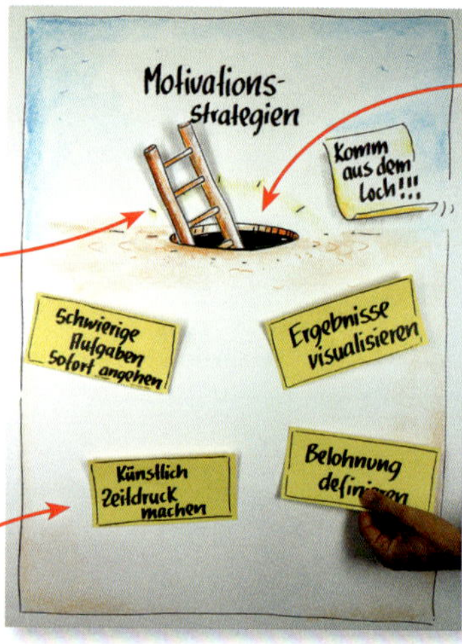

Das gezeichnete Loch ist für sich alleine schon ein Hingucker. Es bietet die Möglichkeit, etwas erscheinen (so wie hier) oder etwas darin verschwinden zu lassen (Seite 49: Mülleimer).

Für alle, die wissen, wie ärgerlich es ist, sich auf einem Plakat zu verschreiben, sind einzelne Karten in Präsentationen eine glückliche Lösung: Im Zweifel schreibt man schnell eine Karte neu – nicht das ganze Poster.

Farbige Moderationskarten sind in vielen Präsentationen ideal. Sie erlauben es dem/der Sprechenden, parallel zum Wortbeitrag die Schrift erscheinen zu lassen.

Die ganze Geschichte: Das plötzliche Erscheinen von Elementen in einem aufgehängten Bild sorgt immer für Verblüffung – niemand erwartet das. Während der Effekt „Erscheinen" in PowerPoint-Präsentationen alltäglich geworden ist und gerne auch überstrapaziert wird, ist er am Flipchart gänzlich unbekannt.

So gelingt der Trick mit der Leiter

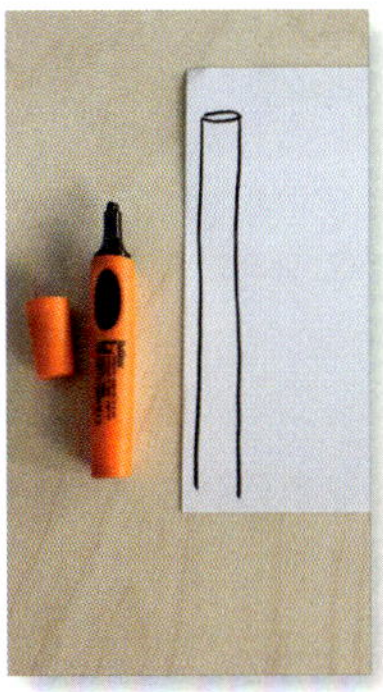

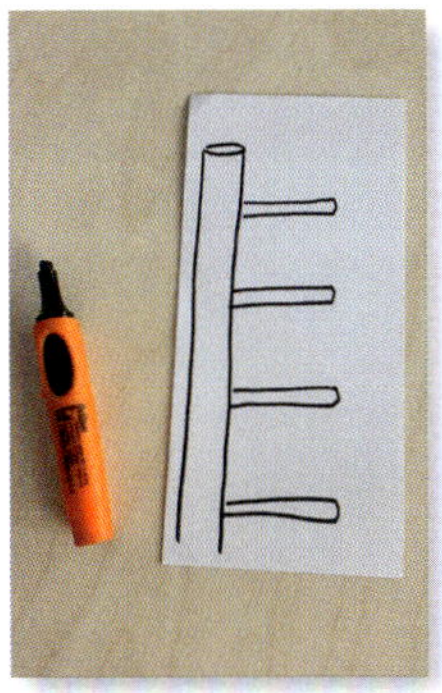

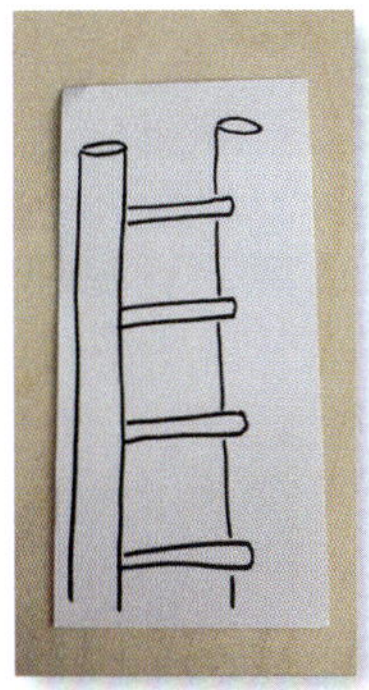

Die Leiter entsteht zuerst, denn an ihr orientieren wir die Größe des zentral gezeichneten „Lochs im Boden“. Ein kräftiger Zeichenkarton gibt die erforderliche Stabilität und lässt sich hervorragend mit dem grafischen Skalpell (Seite 97) ausschneiden.

Nur stark vergrößert wird sichtbar, was einen Großteil der Funktionalität ausmacht: Am rechten Holm der gezeichneten Leiter steht ein kleiner Papierzapfen ab, …

… der aus dem Loch herausragt und an dem sich während der Präsentation die anfangs verborgene Leiter nach oben ziehen lässt.

Das gezeichnete Loch – ein starkes und vielseitiges Symbol

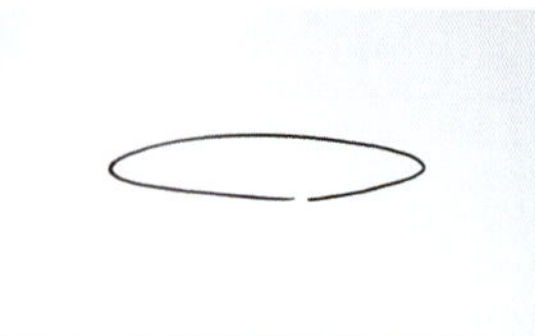
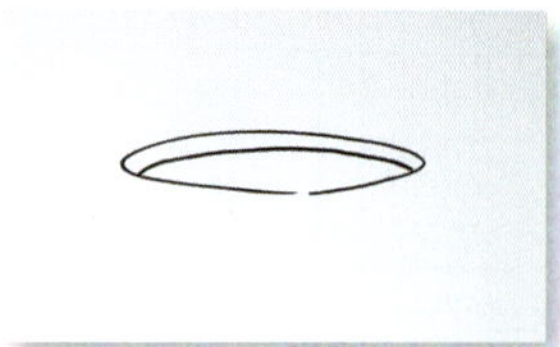
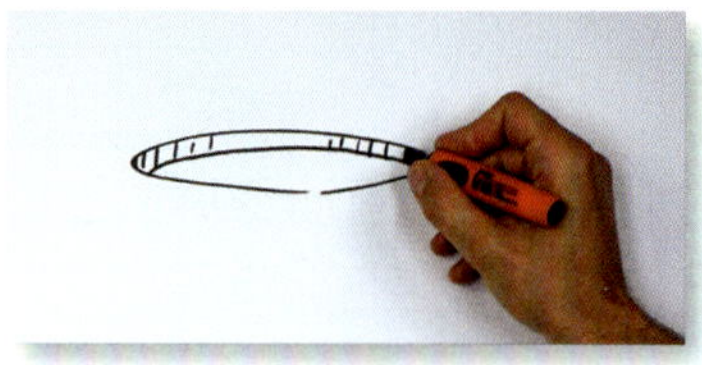

Im Step-by-Step-Ablauf wird deutlich, wie einfach es ist, aus einem liegenden Oval eine tückische Bodenöffnung zu machen.

Mit einer Nadel ritzen wir in den dunklen Bereich des Lochs einen Schlitz.

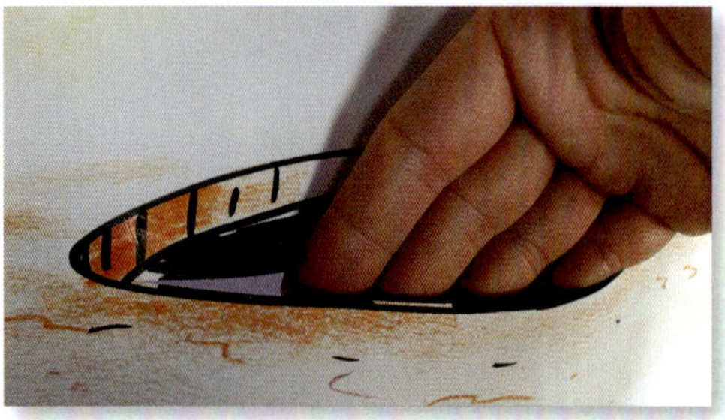

„Handbreit" ist hier und in den Folgemotiven der Schlitz für die Leiter oder für Moderationskarten.

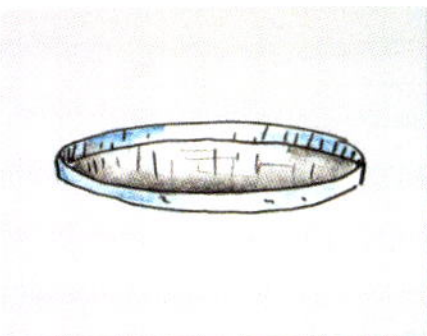

Wer einmal das Loch zeichnen kann, wird es vielseitig einsetzen. Hier: ein Mülleimer, in dem während der Präsentation die unliebsamen Dinge verschwinden.

Unbedingt dran denken: Damit die unliebsamen Dinge nicht wieder auftauchen können, wird das Plakat mit dem nächsten Bogen darunter verklebt.

Auch das Megafon basiert auf dem gezeichneten Loch – diesmal in aufrechter Position.

Aus der seitlichen Öffnung werden nach und nach die Karten herausgezogen und mit Kleberöllchen auf dem Flipchart fixiert.

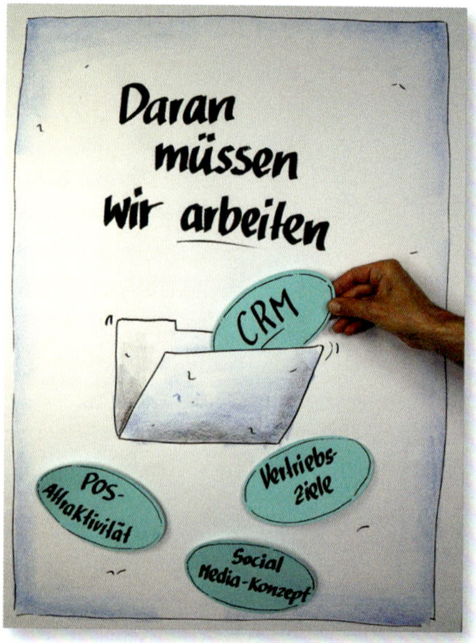

So werden Karten versteckt und transportiert

Um mehrere Karten für eine Präsentation griffbereit zu halten, fertigen wir aus einem Briefumschlag ein passendes Etui in der Länge der ovalen Moderationskarten.

Die Karten liegen in diesem Etui in der passenden Reihenfolge.

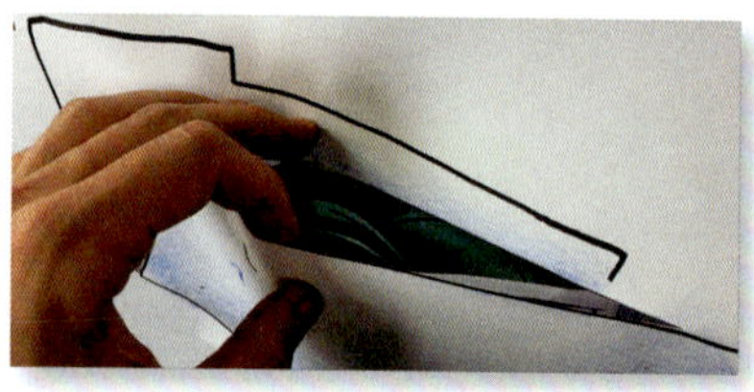

Am aufgehängten Plakat wird das Etui hinter dem Schlitz mit einem Streifen Klebeband festgeklebt: Für die Präsentation ist alles griffbereit. Nichts gerät durcheinander oder fällt herunter.

Tipp

Das Etui ist ein sicherer Aufbewahrungsort und gleichzeitig die Transporthülle für die Karten. Hilfreich ist es, auf die Vorderseite ein Foto vom fertigen Plakat zu kleben. Dann erinnert man schnell, was drin ist und wie es hinterher auszusehen hat.

Der Schlitz im Papier – Variationen eines wirkungsvollen Effekts

Diese Präsentationen basieren alle auf dem Prinzip der im Schlitz versteckten Karten. Als Schlitz reicht beim Computer die einfache schwarze Linie.

Der Schlitz in dieser Schatzkiste ist keine gerade Linie, sondern entlang der Goldmünzen gezogen.

– ohne Worte –

Vorbereitete Plakate entrollen – nach und nach wird alles sichtbar

Diese großformatige Präsentation begleitet eine Trainerausbildung. Über mehrere Module hinweg wird darauf Bezug genommen. Das ist Grund genug, sie einmal aufwendig zu gestalten und entsprechend vor der Gruppe zu inszenieren.

Das außergewöhnliche Format der Plakate basiert auf einem Bogen Flipchart-Papier, den wir der Länge nach gefaltet haben.

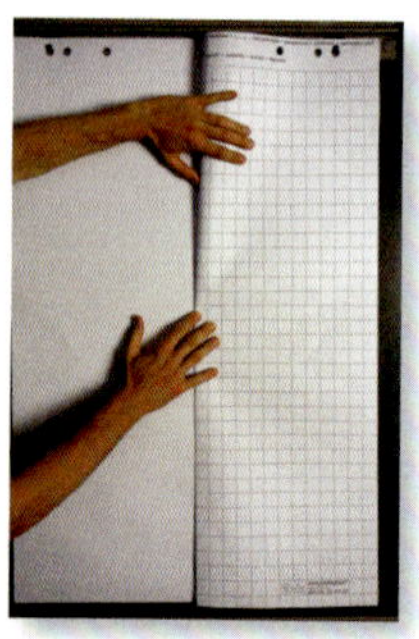

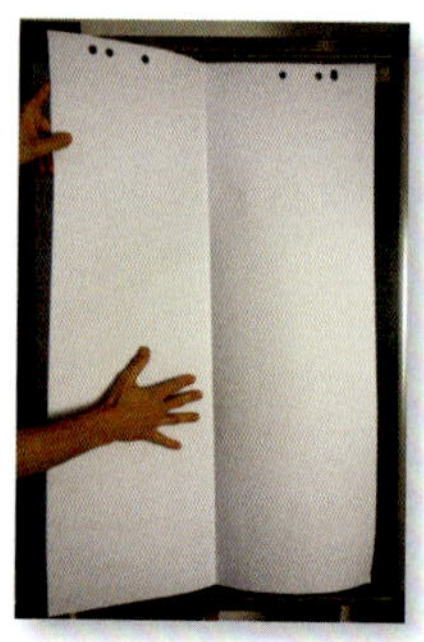

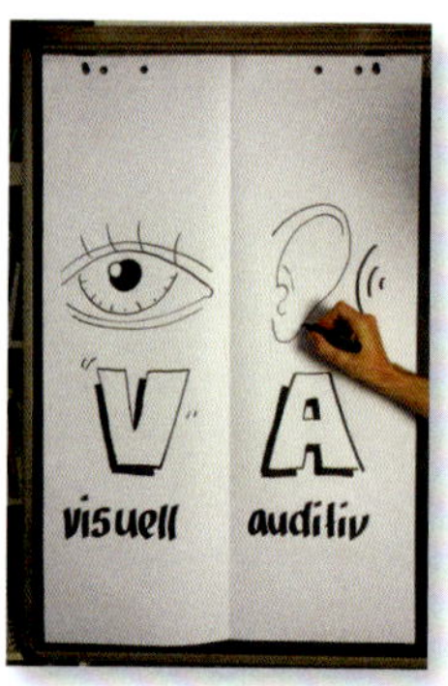

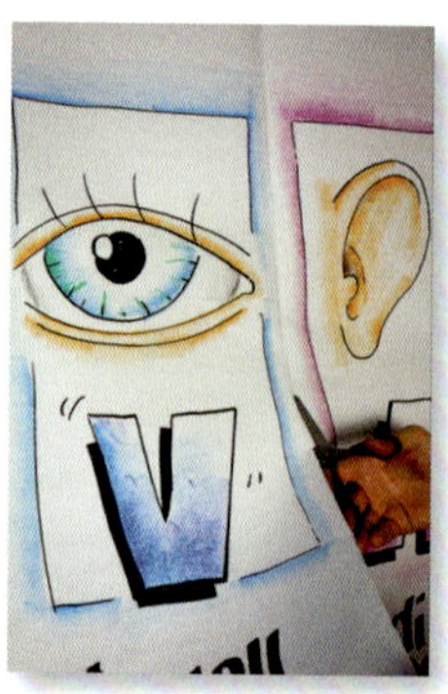

Die auffälligen Buchstaben der Outline-Schrift (Download-Bereich) sind ideal für einen wirkungsvollen Auftritt mit relativ wenig Text. Die Buchstaben sind nicht komplett mit Farbe gefüllt, sondern haben einen Farbverlauf zum Schatten hin. Es entsteht eine Tiefenwirkung.

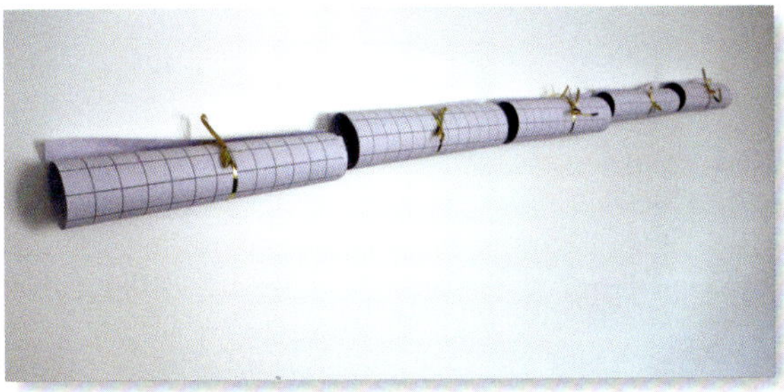

Die aufgerollten Plakate warten auf ihren Einsatz: Zuerst haben wir sie mit dekorativen Schleifen aus Geschenkband zusammengebunden und dann mit Kleberöllchen (Seite 20) an der Wand fixiert.

Das Zerschneiden der Bänder und Ausrollen der Plakate ist immer wieder ein erhebender Moment und kann durch einen Trommelwirbel per Tastendruck unterstützt werden (z.B. Sound-Machine bei www.fips-laden.de).

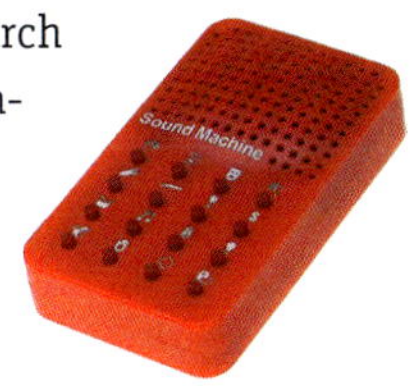

Eine mobiles Plakat entrollen

Mit dem Flipchart-Bügel (erhältlich bei https://www.lupus-produkte.de/) gelingt diese Plakatpräsentation im Stehen vor dem Publikum.

1 Festhalten mit verdecktem Bügel
2 Aufhänger greifen und aufgerolltes Papier loslassen
3 Abrollen lassen ...
4 ... et voilà!

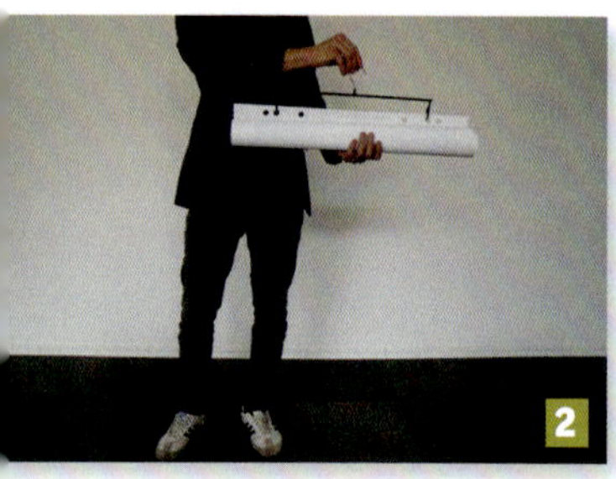

Damit man für das weitere Geschehen die Hände frei hat, wird der Bügel mit Plakat unkompliziert an einer Pinnwand, dem Flipchart oder ähnlich geeigneter Stelle aufgehängt.

Der Flipchart-Bügel mit seinen durchdachten Halterungen sorgt dafür, dass der Papierbogen bei dieser Variante der Präsentation immer in Form bleibt.

Ganz großes Kino: Entrollen mit Flitterfeuerwerk

Für diesen Effekt braucht es ein wenig Vorbereitung. Der Aufwand lohnt sich, denn niemand rechnet damit, dass aus einem aufgerollten Plakat plötzlich goldglitzernde Flitterstreifen herauspurzeln und sich im Raum verteilen.

3 Zum Fixieren formen wir an einem Ende eines Klebestreifens eine Grifflasche.

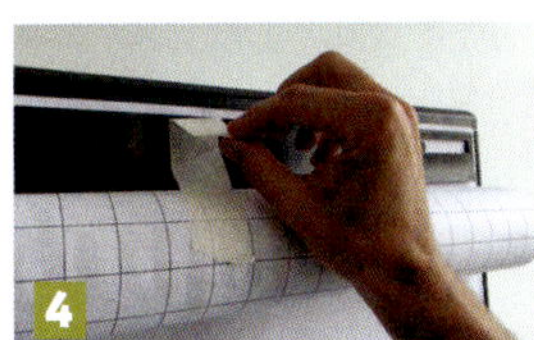

4 Der Klebestreifen hält das aufgerollte Plakat in Position.

1 **2** Aus einer goldfarbenen Rettungsdecke entstehen die Flitterstreifen, die zusammen mit dem Plakat aufgerollt werden.

5 Von ganz alleine schweben die Flitterstreifen beim Entrollen in den Raum …

Ganz wichtig:
Vorher mal ausprobieren!

05

Den Raum für Installationen nutzen

Manchmal soll es anders sein und aufwendig wirken: Mit diesen Präsentationen greifen wir gestaltend in den Raum ein und installieren unsere Botschaften als Objekte im Schulungs- oder Meeting-Raum.

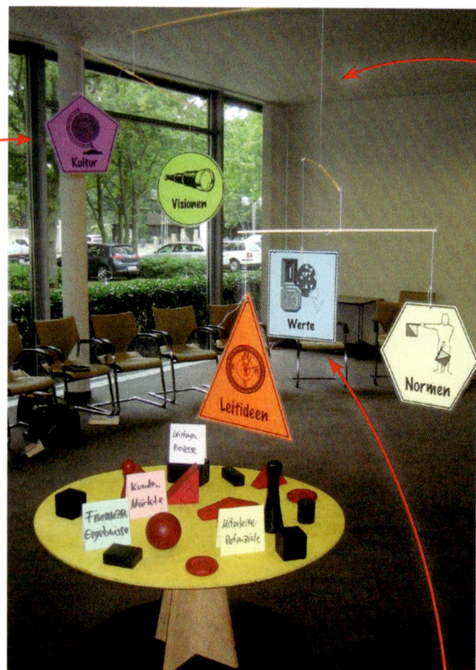

Die farbigen Karten mit Bild, Text und unterschiedlichen Rahmen entstanden unkompliziert in MS-Word. Nach dem Ausschneiden haben wir sie laminiert.

Das hat man sonst nur nicht im Blick: Viele Räume bieten bequeme Aufhängemöglichkeiten an der Decke oder an Lampen.

Immer in Veränderung – in den meisten Räumen halten die vorhandenen Luftzüge das leichte Mobilé in Bewegung.

Die ganze Geschichte: Um in einer Veranstaltung plastisch abzubilden, was ein Unternehmen ausmacht, präsentieren wir die handfesten Kriterien der Balanced Scorecard auf einem runden Tisch. Darüber lassen wir als Mobilé die Elemente schweben, die weniger stark fassbar, flüchtig und dynamisch sind.

Nicht von der Stange, aber einfach gemacht: das Präsentations-Mobilé

Das Ausgangsmaterial ist leicht zu beschaffen: ausgedruckte farbige Bögen, Bastelhölzer und Baumwollfaden.

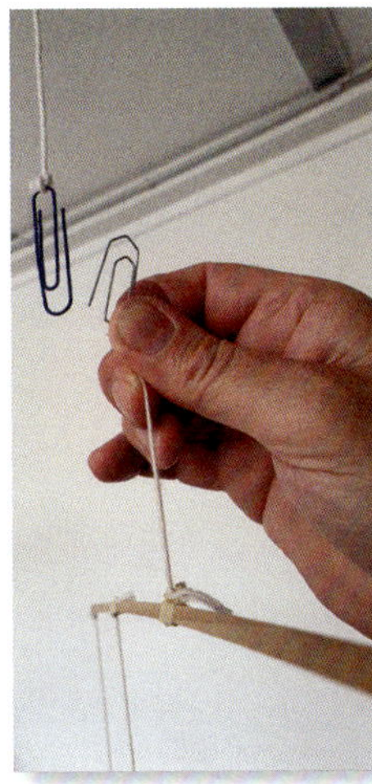

Die Aufhängung will gut vorbereitet sein. Schon vorher haben wir einen Faden an der Decke fixiert, an dessen Ende eine Büroklammer angebracht ist. Im Moment der Präsentation hängen wir das Mobilé, das an einer zweiten Büroklammer befestigt ist, einfach hier ein.

Eine kreative Spielart der Mobilé-Idee: Leichte Drahtbügel aus der Reinigung wurden hier mit großen runden Moderationskarten kombiniert.

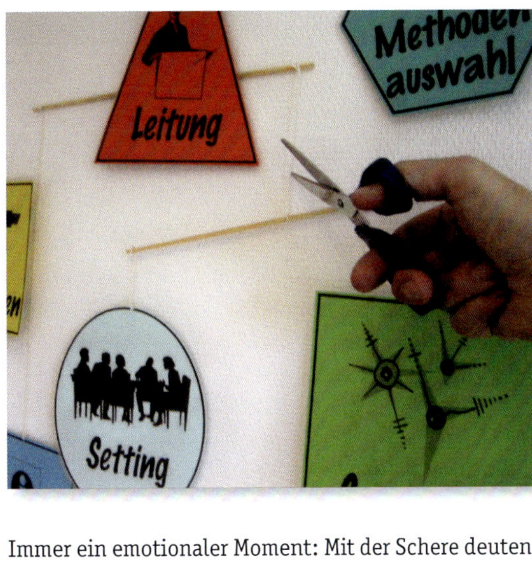

Immer ein emotionaler Moment: Mit der Schere deuten wir in der Präsentation an, was mit einem System passiert, wenn radikal etwas geändert wird ...

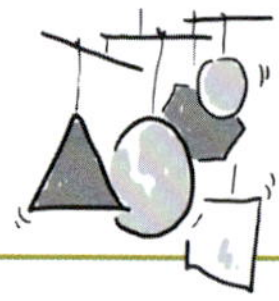

Der fertige Fotoaufhänger als Alternative zum selbstgemachten Mobilé

Elegant demonstriert dieses Mobilé mit dünnen Drahtbügeln, was im Unternehmen in Balance gehalten werden muss. Die Montage ist einfach: Runde Clips am Ende der Drahtbügel halten die Karten und alles ist von vorneherein passend ausbalanciert.

Das Photo-Mobilé von Kikkerland (Modell RANDOM, www.kikkerland.com) ist das Basismaterial. Mit neun möglichen Aufhängungen ist man allerdings festgelegt bzw. begrenzt.

Die sechseckigen großen Karten (Waben) finden sich in vielen Moderationskoffern. Sie bieten ausreichend Platz für Wort und Bild. Hier haben wir jedes Motiv doppelt gestaltet und die Karten aneinander geklebt. Denn das Mobilé ist ja ständig in Bewegung …

Ein Kleiderbügel wird zur Preiswaage

Um die populäre Geschichte der Preisdiskussion zu illustrieren, haben wir im Vertriebstraining die Preiswaage im Einsatz.

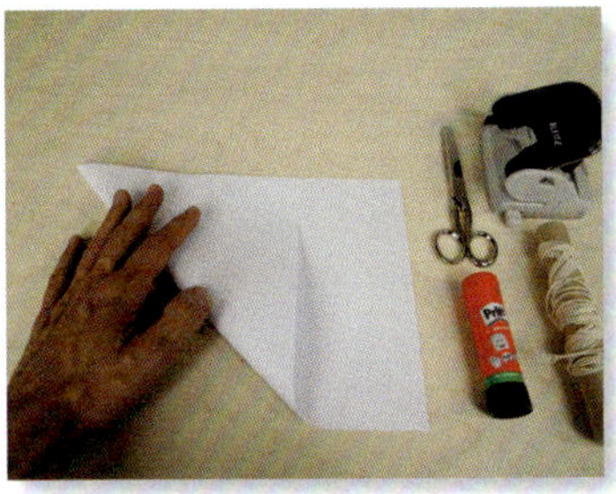

Unter „Origami-Becher falten" finden sich im Internet Video-Tutorials für das schnelle Falten der beiden Behälter der Waage. Unsere Step-by-step-Anleitung im Download zeigt detailliert, wie mit ein paar Handgriffen dieser Hingucker entsteht.

Oft sind es kleine Details, die einen großen Unterschied machen. Für diese Präsentation haben wir eine Pinnwand als Hintergrund genommen, auf der sich das in Hotels oder Meeting-Räumen übliche hellbraune Papier befindet.

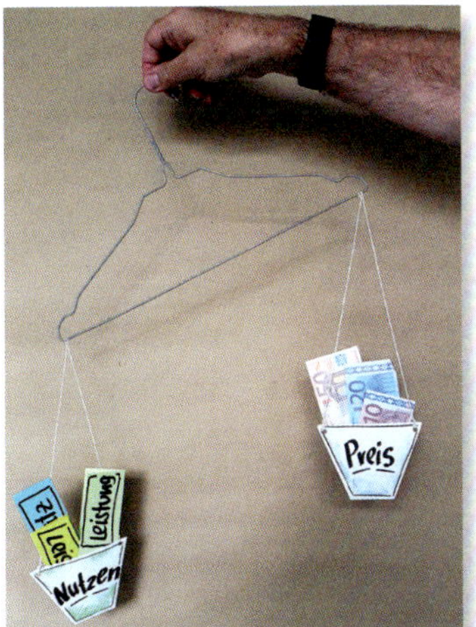

Sofort eine ganz andere Wirkung: Unter dem Papier der Pinnwand befindet sich diese farbige Bespannung aus Filz. Das erzeugt einen viel stärkeren Kontrast und damit eine interessantere Inszenierung.

Aspekte eines Themas in Form eines Museums präsentieren

Jedes Thema lässt sich in Form eines Museums veranschaulichen: Mit einer durchdachten Abfolge, ausgefallenen Gegenständen und ein paar geheimnisvollen Tüchern entsteht eine beeindruckende Inszenierung.

So zeigt sich der Raum zu Beginn. Hinter der Absperrung wartet das thematische Museum auf BesucherInnen: PädagogInnen, die zur Bedeutung des Transfers im Lerngeschehen arbeiten.

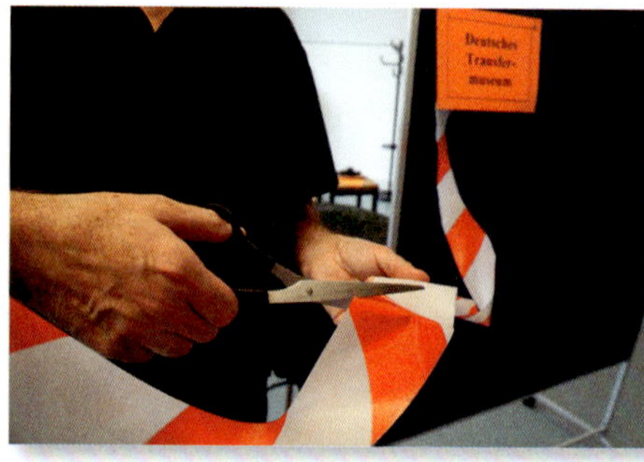

Natürlich beginnt die Führung erst, nachdem das Band feierlich durchtrennt wurde.

Im Raum wird alles für die Präsentation genutzt: der Boden, Garderobenständer, (Steh-)Tische, Hocker etc.

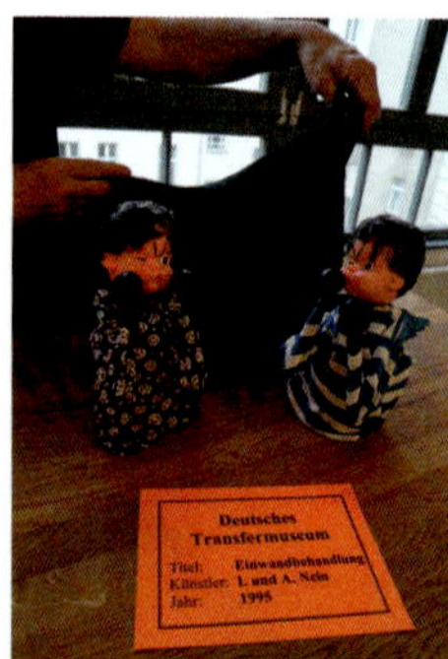

Im Rahmen der Führung werden die abgedeckten Objekte nach und nach enthüllt und vorgestellt.

Im Zusammenspiel von gezeigten Gegenständen, Beschilderung und Kommentaren gewinnen die TeilnehmerInnen einen plastischen Eindruck von dem Thema.

Das Kaminzimmer zum Mitnehmen

„Kamingespräche führen" hat sich als Synonym für außerprotokollarische Gespräche in Politik und Wirtschaft eingebürgert. Wir greifen diese Thematik gelegentlich auf und können unser Kaminzimmer mit Bordmitteln in jedem Tagungshaus inszenieren.

Im Holzstapel versteckt, befindet sich ein Beamer, der das Kaminfeuer in Endlosschleife projeziert. Drei Pinnwände bilden die rückwärtige Kulisse mit gemaltem Kamin, gestreifter Tapete und natürlich (!) dem gezeichneten Hirsch.

Die dem jeweiligen Thema (hier: Trainer und Speaker) angepassten Motive sind auf Foambords gezeichnet, damit sie plastisch wirken (Seite 94 ff.).

Displays

Schritt für Schritt präsentieren auf Tisch und Boden

WOW

In diesem Kapitel finden Sie:

Das Display als eine Präsentationsmöglichkeit, die dem Publikum meistens noch unbekannt ist und erstaunlich viele Einsatzmöglichkeiten bietet.

Plakative Anleitungen, um selbst mit einfachen Materialien Displays erstellen zu können.

Und ...

viele über die Jahre gesammelte Beispiele, welche die Vielseitigkeit der Präsentation mit Displays aufzeigen.

Kapitel II

Displays und ihre Anwendungsmöglichkeiten

01
Ohne Aufwand entstehen Displays aus zwei Bögen stärkerem Papier

02
Displays sind unkompliziert in der Handhabung

03
Die klassische Variante: Wort & Bild in der Kombination

04

Ausschnitte erhöhen den optischen Reiz

05

Klebeelemente ermöglichen eine zussätzliche Dynamik

06

Displays können problemlos digital entstehen

07

Impressionen und Variationen

01

Ohne Aufwand entstehen Displays aus zwei Bögen stärkerem Papier

Papier mit einem Gewicht von 160 oder 200 Gramm ist das umkomplizierte Ausgangsmaterial für Präsentationen mit Displays. Durch Falten entsteht dabei eine ausreichend große Fläche zum Gestalten.

1 Start mit einem Bogen DIN-A4-Papier: Alle unsere Beispiele basieren auf der Standardgröße DIN-A4.

2 Falten auf A5: Der Bogen wird halbiert.

3 Beschriften: Mit dem schwarzen Marker entsteht der Text.

4 Motiv hinzufügen: Ein passendes Bild oder Symbol wird ergänzt.

5 Rahmen: Mit dünnem Strich entsteht, an mehreren Stellen unterbrochen, die Rahmenlinie.

6 Kolorieren: Das schwarz-weiße Motiv wird mit Wachsmalblöcken koloriert. Da, wo Schrift ist, wird keine Farbe hinterlegt. Die Schrift „leuchtet".

7 Einen zweiten A4-Bogen falten: Das Innenleben entsteht, indem ein weiterer Bogen zweimal halbiert wird. Es sieht dann aus wie ein großes „M".

8 Positionieren: Der gestaltete Bogen und das gefaltete Innenleben werden zusammengebracht.

9 Kleben: Die beiden nach außen zeigenden Flächen des Innenlebens werden mit Papierkleber endgültig fixiert.

10 Fertig! Nach wenigen Minuten präsentiert sich das selbst gestaltete Display standsicher und freut sich auf seinen Einsatz auf einem Tisch oder auf dem Boden.

02

Displays sind unkompliziert in der Handhabung

Die unaufwendige Herstellung und der Komfort bei Transport und Lagerung machen Displays zu einem Präsentations-Champion: kleines Format und große Wirkung!

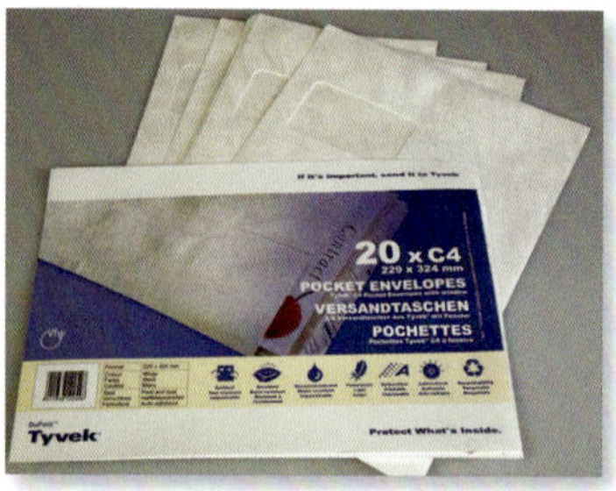

Zuverlässig verstauen in der Tyvek-Tasche

Aus Tyvek-Briefumschlägen im Format C4 entstehen unsere Lager- und Transport-Taschen. Tyvek kann nicht zerreißen, ist leicht und schützt die Displays ideal (im Bürobedarf, z.B. bei www.SUPA-OFFICE.de).

Displays überzeugen beim Transport

Das überschaubare Format bei nahezu keinem Gewicht überzeugt erst recht, wenn man die Tasche für die Veranstaltung packt: Neben Notebook und Unterlagen ist immer Platz für die Tyvek-Tasche mit den Displays.

So geht's

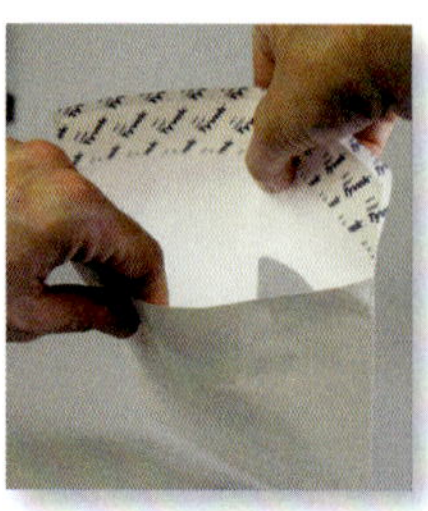

Tyvek-Umschlag öffnen …

… die Hälfte des Umschlags und den Klebestreifen nach innen stülpen (beim ersten Mal etwas „Fummelei") …

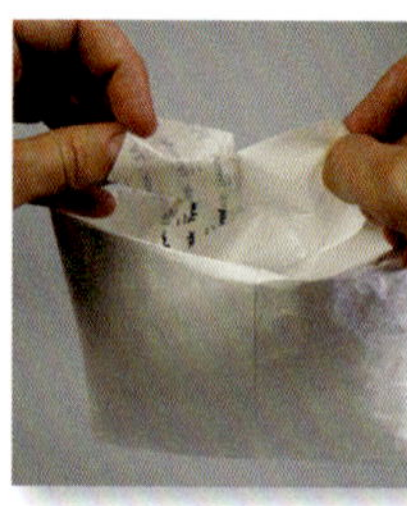

… zum Schluss den Klebestreifen entfernen, …

… beschriften und fertig ist Ihre Display-Hülle.

Displays lagern in eigener Box

Zusätzlich beschriftete und eingeschobene Moderationskarten dienen als Reiter und Ordnungshilfe, …

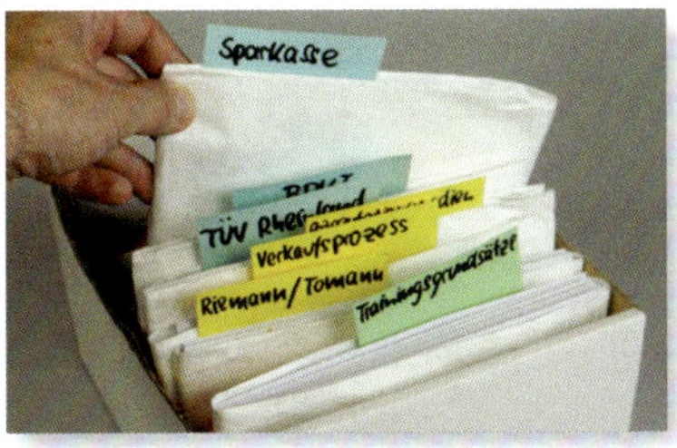

… im Regal warten die Displays dann auf ihren nächsten Einsatz.

Unser Präsentations-Tipp: Rückseiten beschriften

Gerade bei Präsentationen, die man seltener hält, oder bei „Premieren“ ist es gut, die passenden Stichworte griffbereit zu haben, …

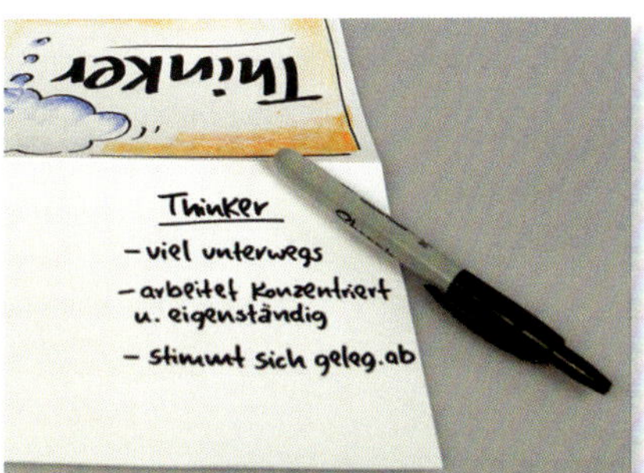

… Platz dafür ist ausreichend und unauffällig auf der Rückseite des Displays.

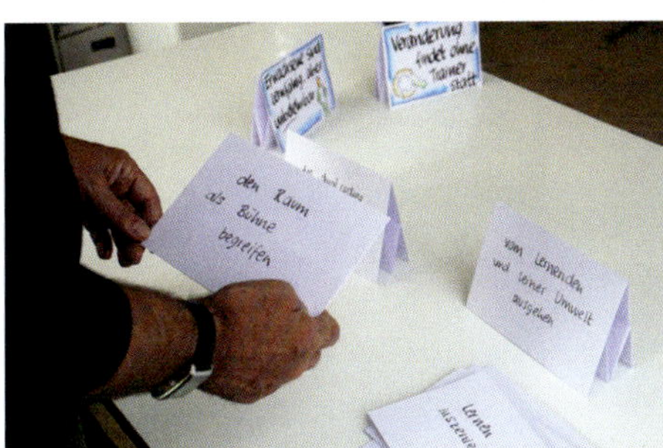

„Lässig“ präsentieren: Den Text der Vorderseite haben Sie von hinten aus stets vor Augen. So können Sie die Displays präzise aufstellen und bewegen oder bei Rückfragen zielsicher auf ein einzelnes Motiv hinweisen.

Einscannen hat viele Vorteile

Einscannen sichert das Ergebnis. Grundsätzlich hat man hier zwei Möglichkeiten:

- **Variante A:** Das Einscannen des schwarz-weißen Motivs empfiehlt sich, wenn Sie ein Motiv mehrfach produzieren wollen, z.B. für das Arbeiten in einem Workshop mit mehreren Gruppen.
- **Variante B:** Das Einscannen des fertigen Motivs nutzen wir überwiegend, wenn wir das Motiv noch einmal in digitaler Variante weiterverarbeiten wollen, z.B. als Bild in einem Handout oder in einer PowerPoint-Präsentation.

Was natürlich beide Varianten schaffen: Wir besitzen ein digitales Abbild unserer Arbeit und damit eine Vorlage, falls mal ein Display verloren geht.

Variante A: Erst Schwarz-Weiß einscannen ...

Mit Einzug- oder Flachbettscanner sichern wir unsere Motive. In möglichst guter Auflösung wird das Bild eingescannt und im jpeg-Format abgespeichert.

... und nach dem Ausdrucken kolorieren

Das ausgedruckte Motiv wird mit Wachsmalblöcken oder farbigen Markern gefärbt.

Ein typischer Anwendungsfall: Für parallele Gruppenarbeiten benötigen wir das gleiche Display mehrfach.

Im Einsatz: An Stehtischen treffen sich die Arbeitsgruppen zum Gespräch. Die Displays geben Orientierung und nehmen wenig Platz ein.

Variante B: Farbig einscannen

Bevor das Display zusammengeklebt wird (Schritt 9 auf Seite 69), kommt es auf den Scanner.

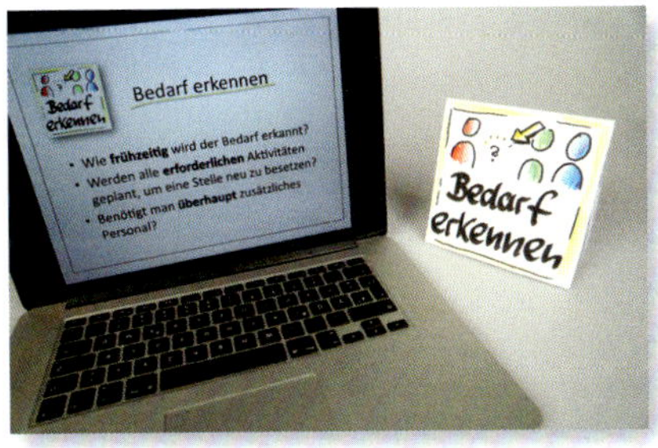

Als jpeg-Datei kann das Motiv problemlos in eine PowerPoint-Präsentation integriert werden.

In Kombination mit PowerPoint im Seminarraum: Die Displays stehen zur Orientierung auf einem eigenen Tisch und auf der Leinwand läuft die digitale Präsentation mit ergänzendem Text oder Fragestellungen.

Wirkungsvoll

Die Displays kommen gerade dann gut zur Geltung, wenn sie auf eigenem Terrain präsentiert werden. Oft suchen wir dafür ein kleineres Tischformat, dann haben sie einen eigenen Auftritt, sind gut erkennbar und stehen nicht im Weg.

Während bei PowerPoint Folie für Folie wieder verschwindet, bleiben die Displays mit ihrer Aussage im Raum präsent.

03

Die klassische Variante: Wort & Bild in Kombination

Die DIN-A5-Fläche bietet ausreichend Platz für eine deutlich lesbare Schrift und ein passendes Motiv.

Die Farbe ist so arrangiert, dass sie die Schrift nicht überdeckt.

Rund um das gezeichnete Bild oder Symbol entsteht eine „Aura" – die Hintergrundfarbe berührt die Zeichnung nicht.

Wir benutzen auf den Displays die gleiche Schriftgröße wie auf dem Flipchart. Das sorgt für Einheitlichkeit und Lesbarkeit.

Die Rahmenlinie begrenzt das Motiv. Dünn muss sie sein und immer da unterbrochen, wo etwas scheinbar aus dem Motiv heraus will …

Lange Worte werden getrennt: Der Leser kann das getrennte Wort einfacher erfassen und wir kommen mit dem Platz besser hin.

Die ganze Geschichte: In einer Schulungssequenz wird der Verkaufsprozess schrittweise erklärt. Nacheinander stellt die Trainerin die Displays auf den Tisch und erläutert sie. In einem zweiten Schritt wählen die TeilnehmerInnen paarweise jeweils ein Display und diskutieren, welche Umsetzungsmöglichkeiten es gibt.

Die besondere Stärke der Displays ist, dass sie als **Prozesskette** aufgestellt werden können. Zu jedem Schritt gibt es eine eigene Karte. Der/die Präsentierende kann damit leicht einen Spannungsbogen aufbauen, weil – anders als bei Flipchart-Präsentationen – nicht alles von vorneherein sichtbar ist.

Wir lieben Wachsmalblöcke – das wird auch in diesem Buch sicher wieder deutlich: Die Aufsteller sind jedoch eher ein neutrales Medium, das auch mit farbigen Markern (hier: Marker von www.neuland.com) oder bedruckt (Seite 84 ff.) funktioniert.

Überzeugend sind Displays auch beim **Einsatz auf dem Boden**: Hier haben wir ein Modell (Riemann-Thomann-Modell der Grundausrichtung der Persönlichkeit) abgebildet. Das Schöne an dieser Vorgehensweise ist, dass das Modell auf dem Boden im Raum stehen kann, während darüber diskutiert bzw. noch zusätzlich mit anderen analogen und digitalen Medien gearbeitet wird.

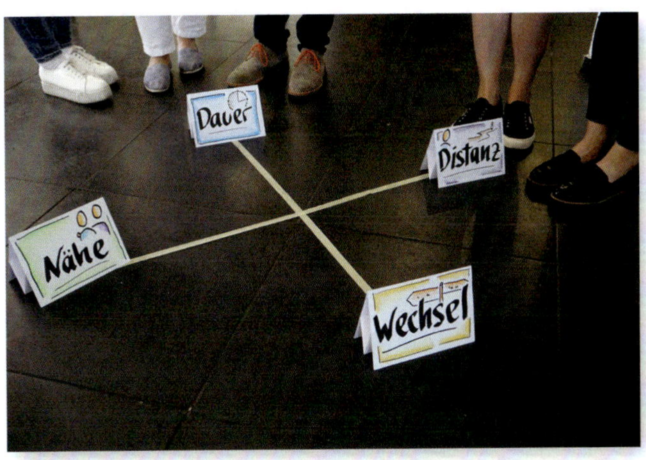

04

Ausschnitte erhöhen den optischen Reiz

Wer mit Displays in Präsentationen arbeitet, bekommt bald Lust auf „Effekte“: Ausschnitte an der Oberkante eines Aufstellers sind ein wahrer Hingucker und wirklich nicht allzu kompliziert zu erstellen.

Ein Element der Zeichnung ragt sichtbar über die Kante des Displays hinaus.

Schon bei der Auswahl des Bildes hatten wir den Effekt „Ausschnitt“ im Kopf.

In den meisten Fällen steht dabei die Schrift im unteren Bereich und die Zeichnung ist darüber platziert.

Gerade bei senkrechten Motiven (hier: Hochhaus) bietet es sich an, etwas herausragen zu lassen. Die Anmutung „Höhe“ wird verstärkt.

Farblich kundenspezifisch angepasst: TÜV Rheinland hat Blau im Logo und Grautöne auf der Webseite.

Die ganze Geschichte: Bei diesem Kunden geht es in der Präsentation um Aspekte der Öffentlichkeitsarbeit. Für den Präsentator gibt es keine feste Reihenfolge der Displays – er kann sie an seine aktuelle Präsentationssituation anpassen.

Step by Step zum perfekten Ausschnitt

1 Für den Ausschnitt braucht es einen Bleistift und ein Skalpell oder einen Cutter als Hilfsmittel und neben einem normalen DIN-A4-Bogen ein auf DIN-A5 halbiertes Blatt. Das ersetzt uns das Lineal.

2 Über den DIN-A4-Bogen wird das halbierte Blatt geschoben …

3 … die Kante dient dabei als Lineal. So entsteht eine Orientierungslinie.

4 An dieser dünnen Bleistiftlinie orientieren wir uns jetzt beim Schreiben und Zeichnen: Das Symbol ragt deutlich heraus.

5 Mit Wachsmalblöcken wird koloriert.

6 Das Ausschneiden klappt am besten mit einem scharfen Skalpell (Seite 97).

7 **8** Jetzt falten, das Innenleben einkleben und fertig ist das Display mit Ausschnitt.

Displays mit Ausschnitt im Einsatz

Ein Set Displays für verschiedene Arbeitsschritte in einer Veranstaltung: Das „Konzept" hat funktioniert und wurde mit „Glückwunsch" für gute Kooperation und Ergebnisse gefeiert. Mit „unsere Idee" begann eine erneute Ideensammlung für das kommende Projekt und die mit einem Koffer illustrierte Abschlussfrage beendete den Tag.

Bei Gruppenarbeiten verliert man als ModeratorIn oft den Überblick. An welchem Tisch wird an welchem Thema gearbeitet? Dieses Display gibt Orientierung.

Die beiden Großbuchstaben gehen bei einem Wettkampf ins Rennen – sie helfen bei der Gruppeneinteilung. Durch das Herausragen konnten die Buchstaben größer gezeichnet werden, so sind sie auch aus Entfernung gut zu erkennen.

Beidseitige Ausschnitte als weitere Variante

Dieses Set findet seinen Platz auf dem Boden eines Raumes. Im Stuhlkreis drumherum sollen die Teilnehmenden von jeder Position aus das Motiv erkennen können: Das beidseitige Bekleben ist die Lösung.

Für diesen Effekt muss das Motiv natürlich doppelt produziert werden: durchpausen oder einscannen und noch einmal ausdrucken.

Schon beim Zeichnen haben wir darauf geachtet, dass das ausgeschnittene Element nicht die Hälfte des Motivs überschreitet (hier angedeutet durch die orange Linie).

Von oben erkennt man ganz deutlich, dass die ausgeschnittene Pinnwand auf jeder Seite ausreichend Platz hat.

Aufgepasst

Sobald der Effekt zu hoch herausragt, besteht Knickgefahr. Das kann durch eine höhere Transporttasche (Seite 70) oder eine Verstärkung durch Pappe verhindert werden.

05

Klebeelemente ermöglichen eine zusätzliche Dynamik

Spannungsaufbau und Aufmerksamkeit erhält man dadurch, dass nicht alles schon zu Beginn sichtbar ist, sondern nach und nach Informationen ergänzt werden. Einfach machbar ist das mithilfe von „Post-its" oder dem „Hafti"-Klebestift.

Basis ist wieder unser Standard-Display mit einer Fläche im Format DIN-A5.

„Alles, was klebt" kann unkompliziert auf dem Papierbogen befestigt werden – wichtig ist nur, dass das Klebeschild beim Gestalten zuerst entsteht.

„In einem Zug entstanden ..." ist diese Display-Präsentation im wahrsten Sinne des Wortes: Schnell und mit einfachen Mitteln (drei Farbstifte und ein Päckchen Post-its®) während der Zugfahrt bei der Anreise.

Schwarze deutliche Schrift ist der Standard in unseren Visualisierungen, von dem wir kaum abweichen. Hier hat uns das Violett, als bestimmende Farbe auf der Webseite unseres Kunden, zum Wechsel verführt. „Customized" wird wahrgenommen und kommt gut an.

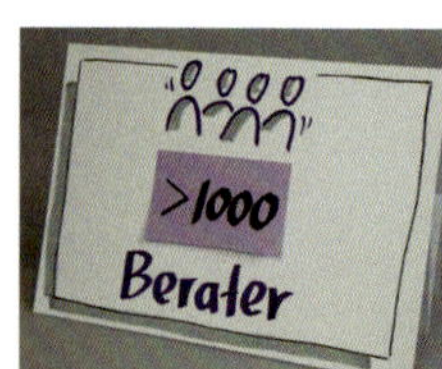

Die ganze Geschichte: Gelegentlich ist man in der Situation, die Basisdaten seiner Organisation vorstellen zu dürfen. Von Zeit zu Zeit ändern sich jedoch die relevanten Zahlen. Damit nicht jedes Mal alle Displays neu gemacht werden müssen, wurden hier die Zahlenwerte auf Post-its® platziert. Der Austausch geht ganz einfach.

So gelingen Displays mit Klebeelementen

Arbeiten mit Platzhaltern: Zuerst das Klebeelement gestalten

Egal, ob Post-it® oder selbstgestaltetes Motiv – zuerst muss das Element gestaltet und in der richtigen Position fixiert werden, damit man mit dem Platz gut hinkommt.

Am fertigen Motiv ist genau zu erkennen, wie wichtig der Platzhalter war. Schrift und Symbol haben dadurch eine gute Position erhalten, nichts überlagert sich und für die Wirkung des Aufklebers ist ausreichend Raum.

Den richtigen Kleber nehmen

„Der Hafti"-Klebestift (Seite 29) ist auch hier unser Favorit, denn er ermöglicht als einziger Klebestift die unkomplizierte mehrfache Nutzung.

Das Klebeelement darf auffallen

Während wir in unseren Visualisierungen oft die Harmonie in den Farben suchen, darf es hier ruhig ein wenig plakativer zugehen: Das Klebeelement soll im wahrsten Sinne des Wortes ein Eyecatcher sein.

Klebeelemente zur Lagerung auf Kunststofffolie platzieren

Gerade, wenn man die klebenden Teile längere Zeit nicht benötigt, empfiehlt es sich, diese auf Folie (Sichthülle o.Ä.) aufzubewahren. Während der Präsentation nutzen wir Klemmbretter mit Kunststoffbezug.

Im Einsatz: Ein Display mit Richtungspfeil

Dasselbe Display bei unterschiedlichen Veranstaltungen. Der mobile Pfeil wird immer der Richtung angepasst und das Thema oder Logo ausgewechselt.

Gerne arbeiten wir beim Aufkleben auch mit einem räumlichen (erhabenen) Effekt: Die Seitenansicht zeigt, dass sich zwischen dem roten Pfeil und dem Display ein Abstand befindet.

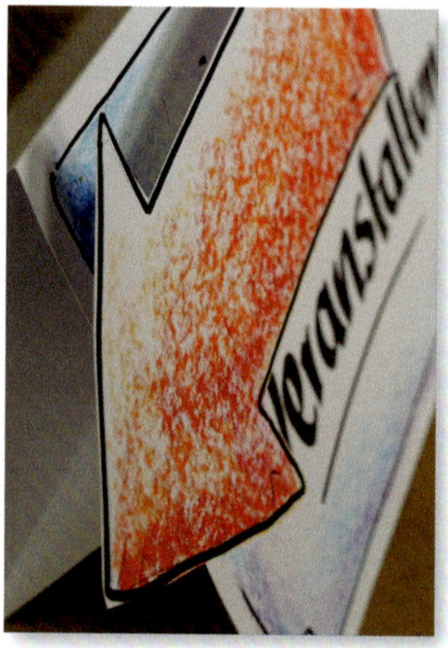

Auf Abstand gehalten wird der Pfeil durch ein zusammengerolltes Stück Krepp-Klebeband. Wenn dieses mit wenig Druck aufgesetzt wird, entsteht der Effekt.

Spannungsaufbau durch phasenweises Präsentieren mit Displays und Klebeelementen

Phase 1: Start der Präsentation mit den Oberthemen an der Tischkante. Der/die Präsentierende verrät noch nicht zu viel und macht neugierig auf die fehlenden Elemente.

Phase 2: Nach und nach werden die Displays aufgestellt, die hier verschiedene Produkte abbilden. Der/die Präsentierende bestimmt das Tempo und besitzt immer die volle Aufmerksamkeit.

Phase 3: Interaktion ist möglich, denn nun kann der/die Präsentierende die Zuhörer fragen, zu welchen Prozentzahlen sich die Produkte voneinander unterscheiden. Die dazugehörigen Klebeelemente liegen auf dem Klemmbrett bereit (Seite 81) und werden passend ergänzt.

06

Displays können problemlos digital entstehen

Mit der Kombination von Rechner und Drucker lassen sich unaufwendig Displays für Präsentationen erstellen. Und das ganz ohne Grafikprogramme, denn schon das Microsoft-Programm Word oder Pages von Apple besitzen alles, was man braucht.

Die digitale Bildersuche kann ein wenig aufwendig sein, denn wenn mehrere bedruckte Displays nebeneinander stehen, sollte es optisch schon einigermaßen einheitlich sein.

Fotos, Symbole, Zeichnungen, Skizzen – einfach alles, was wir in einem Bilddateiformat vorliegen haben, kann in unser Display integriert werden.

Auf der Seite der Schrift bieten die Programme unglaublich viele Möglichkeiten. Wir entscheiden uns oft für Schriften, die der Handschrift ähneln.

Das von uns favorisierte 160-Gramm-Papier passt in die meisten Drucker. Und es ist auch in vielen Farben zu erhalten. Oft nutzen wir inzwischen auch 200 Gramm – dieses stabilere Papier gibt es allerdings kaum in verschiedenen Farbtönen.

In diesem Fall kam die digitale Moderationsschrift zum Einsatz, die man sich kostenfrei für PC und Mac auf *http://neuland.ch/download-moderationsschrift* herunterladen kann.

Die Motive dieser Displayserie fanden wir auf Pixabay: ‚chain-broke' von Clker, ‚bomb' von 95C, ‚environment' von Gerd Altmann und ‚Poseidon' von Momentmal.

Die ganze Geschichte: „Chancen, Risiken, Stärken und Schwächen" – die sogenannte SWOT-Analyse ist ein weit verbreitetes Vorgehen in der Strategieentwicklung. Unter diesen vier Schlagworten werden Ideen gesammelt und Vorgehensweisen gesucht, um eine Organisation zu betrachten oder zu entwickeln. Feststehende Modelle (in diesem Fall unverändert seit den 1960er-Jahren) sind ideale Anwendungen für Displays.

Digitale Bilder nutzen – so geht's ohne Risiko

Die meisten Bilder im Netz sind urheberrechtlich geschützt: Die Quelle muss benannt werden und das Nutzungsrecht ist definiert. Gute Fundorte für die kostenfreie Suche und Nutzung von Bildern:

- *https://search.creativecommons.org/* – ermöglicht die Bildsuche nach Creative-Commons-Lizenzen (Filtereinstellungen).
- *https://pixabay.com* – ermöglicht die Suche nach frei nutzbaren Fotos, Vektorgrafiken, Illustrationen und Videos (selbst die Namensnennung ist kein Muss). Hier müssen lediglich wenige Ausnahmeregelungen zur kommerziellen Nutzung beachtet werden (siehe unter „FAQ").

Dieses Motiv unserer Display-Serie fanden wir beispielsweise auf der Seite von pixabay. Gerd Altmann, der Urheber, verpflichtet uns nicht zur Namensnennung, was wir aber trotzdem „mit Dank" tun.

Die spannendste Lösung: Motive digital selber zeichnen

Das Angebot der Zeichenprogramme ist groß und die Vielzahl der Features oft verwirrend. Unser Favorit ist die kostenpflichtige App Procreate in Kombination mit dem iPad Pro und dem Apple Pencil. Sie simuliert perfekt den Look mit schwarzem Marker in Kombination mit Wachsmalblöcken.

Wer selbst Bilder ins Netz stellt,

sollte mit der Benennung vertraut sein, denn damit räumen wir den Nutzern Rechte ein:

- **CC BY** (Namensnennung) – erlaubt, Werke zu verändern und zu verbreiten, solange der Name des Urhebers genannt wird. Werke mit dieser Lizenz dürfen für kommerzielle Zwecke genutzt werden.
- **CC BY-SA** (Namensnennung, selbe Lizenz) – erlaubt, Werke zu verändern und zu verbreiten, solange der Name des Urhebers genannt wird und die auf seinem Werk basierenden neuen Werke unter derselben Lizenz veröffentlicht werden. Werke mit dieser Lizenz dürfen auch für kommerzielle Zwecke genutzt werden.
- **CC BY-ND** (Namensnennung, keine Veränderungen) – erlaubt, Werke zu nutzen und zu verbreiten, solange der Name des Urhebers genannt wird. Veränderungen am ursprünglichen Werk sind untersagt. Werke mit dieser Lizenz dürfen auch für kommerzielle Zwecke genutzt werden.
- **Achtung,** sobald das Kürzel „NC" in der Lizenz vorkommt: Es steht für „nicht kommerziell" – Sie dürfen diese Werke also nicht für kommerzielle Zwecke nutzen.

Quelle: creativecommons.org/licenses

Handgezeichneter Look – erstellen Sie Ihre eigene digitale Bilddatenbank

Für diese Präsentation haben wir heruntergeladene handgezeichnete Elemente eingesetzt – für Ihre gebräuchlichsten Bilder kann so im Laufe der Zeit ein Depot entstehen.

Im Einsatz: Displays ergänzen die Flipchart-Präsentation

Der Schwerpunkt dieser Präsentation wird auf dem Flipchart liegen – es bietet mehr Platz für notwendige Informationen. Die Displays mit den Oberpunkten der Präsentation bleiben auf den Tischen im Raum präsent, während im Verlauf der Präsentation auf dem Flipchart immer neue Themen vorgestellt werden. So bilden die Displays die illustrierte Agenda.

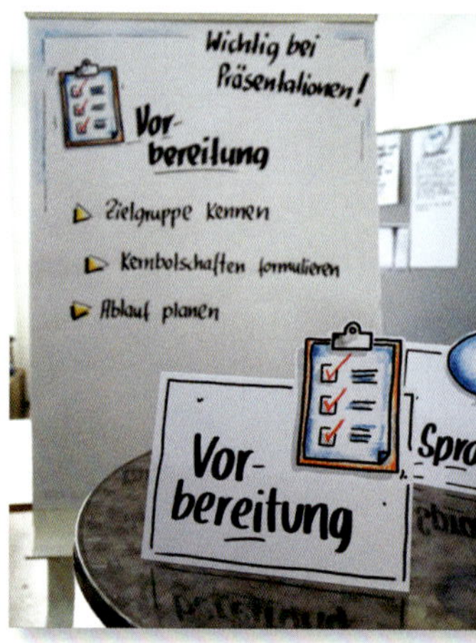

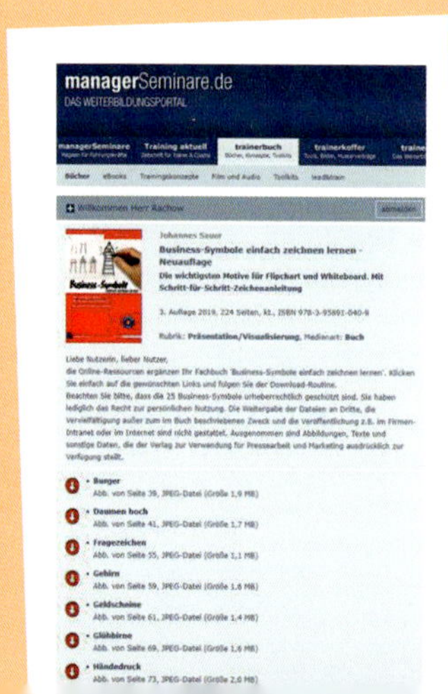

Inspiration

Das Buch **„Business-Symbole"** von Johannes Sauer haben wir mit 25 Motiven zum Download angereichert – das könnte schon der Auftakt Ihrer Sammlung sein …

Der bestechende Vorteil des digitalen Arbeitens ist die Möglichkeit zum Vervielfältigen, Verkleinern, Vergrößern und natürlich der unkomplizierte Austausch von Text oder Bild im jeweiligen Motiv. Hier hat uns mal der Spieltrieb gepackt: Displays funktionieren in ganz unterschiedlichen Größen ...

Die Rückseite als Info-Kasten: Das von uns gewählte Display-Format DIN-A5 bietet auf seiner Rückseite viel Platz für Kernaussagen zu einem Thema. In diesem Beispiel standen die Aufsteller als Eyecatcher im Raum und die TeilnehmerInnen konnten, über die Visualisierung der Vorderseite angelockt, Informationen zum Thema entdecken.

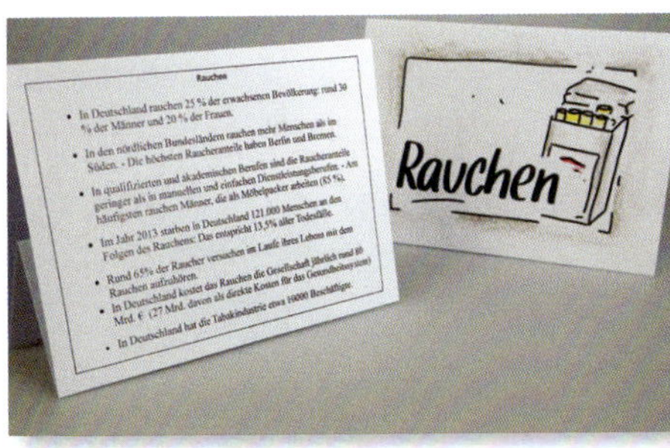

Manchmal muss es einfach nur schnell gehen: Aussagen zum Thema Organisationsentwicklung wurden erst mit Word geschrieben und anschließend jedes Thema in einer anderen Schriftart gestaltet. „Handmade" kommen die Rahmen hinzu, mit Wachsmalblöcken wird koloriert – und schon nähert sich der Look unserem gewohnten Erscheinungsbild.

07

Impressionen und Variationen

Den richtigen Tisch finden

In Veranstaltungsräumen gibt es gelegentlich mehrere Tischformate. Für Display-Präsentationen nutzen wir gerne schmale und längliche Tische. So kommt alles gut zur Geltung und der/die Präsentierende hat Platz für Beweglichkeit beim Verschieben oder Umsortieren der Displays.

Die Displays als wesentlicher Bestandteil einer Methode

So setzen wir Displays in einem konkreten Training ein: Im Verkaufsgespräch sollen die VerkäuferInnen dem Kunden gegenüber nach einer bestimmten Systematik argumentieren. In der dazugehörigen Schulung präsentiert der/die TrainerIn erst die drei Karten und erläutert das Prinzip. Danach sollen es alle TeilnehmerInnen einüben: nach vorne kommen, erst das jeweilige Produkt benennen, dann relevante Merkmale beschreiben und im letzten Schritt den Nutzen für den Kunden herausstellen.

Fürs Gruppenfoto aufgestellt

Displays sind (noch) nahezu unbekannt. In fast jeder unserer Präsentationen zücken die TeilnehmerInnen hinterher ihre Handys für ein Foto. Da wir das wissen, arrangieren wir die Displays oft direkt „als Gruppe“, denn nebeneinander aufgestellt ist das Fotografieren schwierig.

TeilnehmerInnen integrieren

Die Displays sind leicht vorbereitet und verblüffend schnell gemacht. Wenn es das Thema und der Anlass hergeben, integrieren wir die TeilnehmerInnen und lassen sie eigene Displays erstellen – so wie hier am Rande eines Kongresses. Das geht schnell und der Materialaufwand ist überschaubar.

1

2

Papier ist das ideale Material für Displays

Am Anfang reizten uns Displays aus Plexiglas, die man oft in Restaurants oder Geschäften findet. Gegenüber Papier zeigen sie aber entscheidende Nachteile. Denn ähnlich wie laminierte Materialien reflektieren sie in vielen Räumen das einfallende Licht und alles wird unkenntlich 1. Bei der Gestaltung auf Papier haben wir dieses Problem nicht 2.

Foamboards

Leichtschaumplatten für die markante Gestaltung von Bildern oder Schriften

WOW

In diesem Kapitel finden Sie:

Praktische Tipps, die Ihnen das Erstellen von Foamboard-Motiven und das Handling bei der Vorbereitung erleichtern.

Viele Ideen, die mit dem klassischen Präsentationsmedium „Papier“ gar nicht umzusetzen sind.

Und ...

zahlreiche Beispiele, die ganz unterschiedliche Anwendungsmöglichkeiten der Leichtschaumplatten in Präsentationen zeigen.

Kapitel III

Foamboards und ihre Anwendungsmöglichkeiten

01
Foamboards lassen sich mit wenig Aufwand bearbeiten

02
Auf Schildern markante Botschaften präsentieren

03
Einzelne Buchstaben oder Worte inszenieren

04
Foamboards sind leicht und lassen sich gut aufhängen oder anbringen

05
Objekte gestalten und frei aufstellen

06
Impressionen und Variationen

01

Foamboards lassen sich mit wenig Aufwand bearbeiten

Leichtschaumplatten aus dem Grafik-Bedarf in einer Standard-Plattengröße von 70 x 100 cm nutzen wir für langlebige Präsentationen. Einmalig braucht es dafür als Profi-Equipment Skalpell und Schneidematte.

1. Variantenvielfalt – mehr als man braucht

Ein Foamboard ist eine leichte und stabile Schaumplatte, die auf zwei Seiten mit Papier bezogen ist. Sie lässt sich mit den üblichen Markern und Wachsmalblöcken gestalten. Die Variantenvielfalt ist beeindruckend – für unsere kreativen Präsentationen nutzen wir:

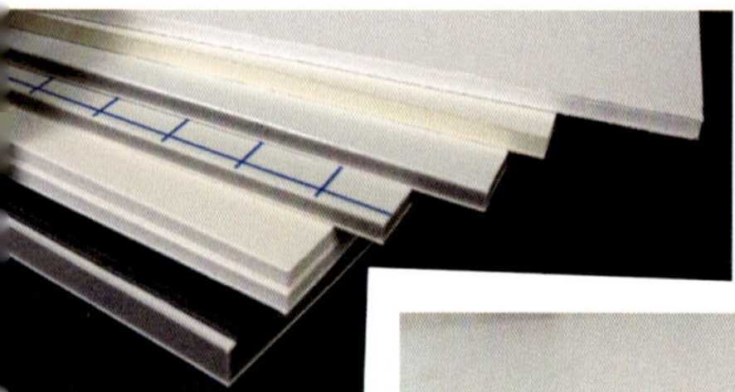

- Format: 70 x 100 cm
- Seiten: doppelseitig weiß
- Stärke: 3 oder 5 mm

2. Die Plattenstärke passend zur Anwendung in der Präsentation wählen

3- und 5-Millimeter-Platten lassen sich leicht mit dem Skalpell zuschneiden. Stärkere Platten sind deutlich schwerer zu bearbeiten, teurer und für Anwendungen im Messebau gedacht.

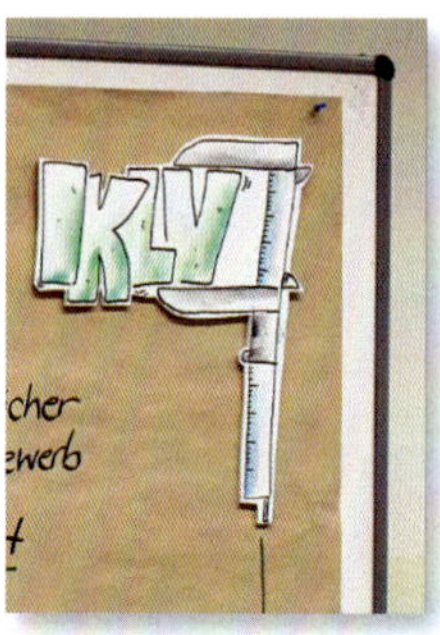

3 mm Plattenstärke
für Präsentationen, bei denen das Motiv aufgehängt wird (Seite 104).

5 mm Plattenstärke
für Objekte, die während der Präsentation in die Hand genommen werden (Seite 100 f.).

Variante KAPA®fix
Diese Platten haben eine selbstklebende Seite zum Aufkleben fertiger Motive (Seite 123).

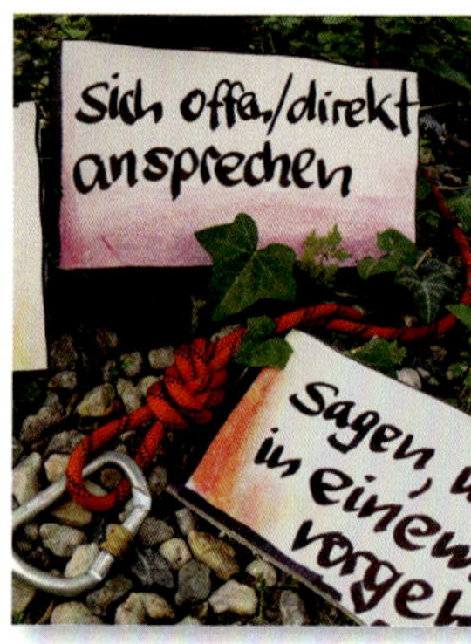

Variante KAPA®plast
Wenn's mal nach draußen gehen soll: Die Deckschichten dieser Platten sind feuchtigkeitsabweisend (Seite 103).

3. Passende Hilfsmittel erleichtern das Arbeiten mit Foamboards

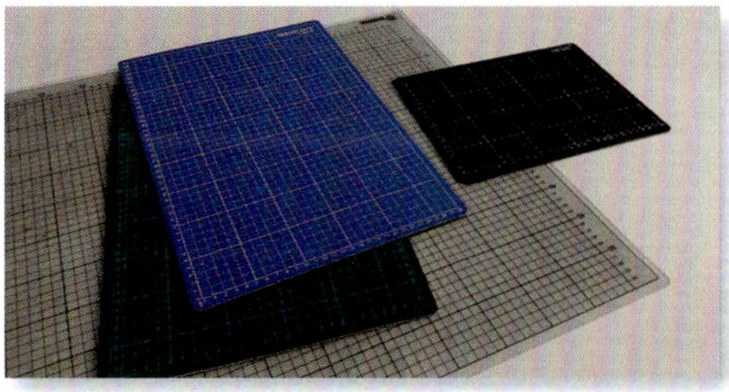

Schneidematte: Die Schneidematte ist die ideale Unterlage für einfaches Schneiden. In verschiedenen Größen erhältlich – wir bevorzugen Matten in Tischgröße. www.bösner.com

„Nach außen ziehen“: Das Arbeiten auf der Schneidematte geht besonders leicht, wenn man das Skalpell ansetzt und nach außen bzw. auf sich zu zieht.

Skalpell mit Wechselklinge: „Butterweich“ schneiden Skalpelle aus dem Grafikbedarf durch die Leichtschaumplatten. Ersatzklingen zum Auswechseln sorgen dafür, dass scharfe Klingen jederzeit bereitstehen. Wir benutzen überwiegend Martor-Skalpelle mit spitzer Klinge Nr. 11. (www.Martor.com).

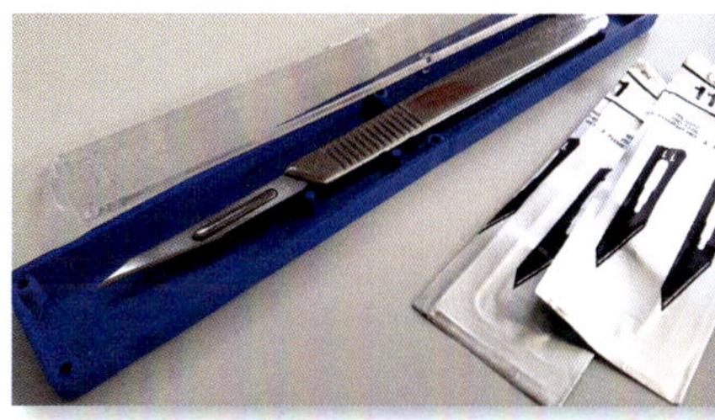

Ungeeignet: Cutter und Einweg-Skalpelle

Die Schutzbrille beugt „springenden Klingen“ vor: Bei falschem oder zu viel Druck auf die Klinge kann es passieren, dass diese beim Schneiden abbricht: Daher (Schutz-)Brille tragen!

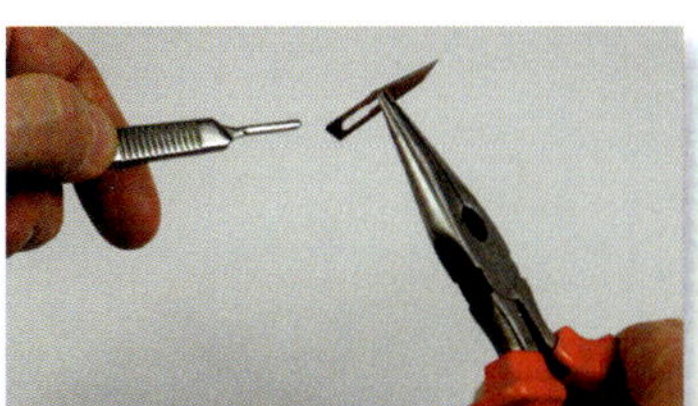

Klingen stets mit der Zange wechseln: Neue Klingen sind extrem scharf – das Auswechseln mit einer Zange verringert die Verletzungsgefahr.

4. Step by step vom Motiv zur Präsentation mit einem Foamboard-Motiv

1 Start mit Wort und Bild: Mit dem schwarzen Marker schreiben und zeichnen wir direkt auf das Foamboard.

2 Kolorieren: Mit den Wachsmalblöcken wird Farbe aufgetragen.

3 Grob zuschneiden: Mit 70 x 100 cm sind die Foamboard-Platten zum Bearbeiten etwas unhandlich – das Motiv trennen wir mit dem ersten Schnitt von der Platte ab.

4 Feinschnitt: Mit dem Skalpell fahren wir mit leichtem Druck die gewünschten Linien ab. Oft gelingt das direkt beim ersten Mal – wenn nicht, fährt man ein zweites Mal die Schnittkante entlang.

5 Details herausarbeiten: Je nachdem, wie detailliert man sein Motiv angelegt hat, beginnt nun eine kleinteilige Arbeit: Einzelne Teile werden herausgelöst.

Zeit bei den Detailarbeiten sparen

Beim Ausschneiden führen wir das Skalpell mit etwas Distanz zu den Linien der Zeichnung. Nicht jeder Zacken und jede Rundung wird exakt ausgeschnitten – das geht schneller.

5. Das fertige Motiv im Einsatz in der Präsentation

In der Hand halten: Durch die Stabilität der Foamboard-Platten ist es möglich, das Motiv in die Hand zu nehmen oder es an andere Personen weiterzugeben, ohne dass man befürchten muss, dass es kaputtgeht.

Mit einer Nadel befestigen: Foamboards lassen sich ganz einfach mit einer Nadel an der Pinnwand befestigen. Weil das Material verwindungssteif ist, kann es auch über den Rand hinausragen ohne umzuknicken.

Ankleben: Mit unkomplizierten Kleberöllchen (Seite 20) fixieren wir die Rakete an einer Tafel. In der Mitte klebt dann unser Eyecatcher und drumherum bleibt genügend Platz, um eine passende Story zu entwickeln.

02

Auf Schildern markante Botschaften präsentieren

Das auf Foamboard selbstgestaltete Schild ist schnell gemacht, robust und mobil in der Präsentation einzusetzen.

Eine Plattenstärke von 5 mm ist hier angemessen, denn der Schriftzug ist nahezu 100 cm lang und soll stabil bleiben.

Der gezackte Rand ist etwas mehr Arbeit – erregt jedoch Aufmerksamkeit.

Großer Auftritt – kleines Gewicht: Der Präsentator hält hier nicht einmal 300 gr. in den Händen – das wird nicht lästig oder lässt vorschnell die Arme sinken.

Zum Ausschneiden legt man ein Motiv dieser Größe am besten auf eine freie Tischplatte. So lässt es sich leicht drehen und das Schneiden geht einfacher.

Farbgebung, Wirkung und Aufwand unterstreichen die Wertigkeit des Marketings.

Die ganze Geschichte: „Marketing sucht den wirkungsvollen Auftritt, macht Arbeit und möchte außergewöhnlich in Erinnerung bleiben ...“ Um genau diese Botschaften ging es in dieser Präsentation im kommunalen Umfeld. Im Laufe der Präsentation kam als zweites Element dann noch die Cocktailflasche als Synonym für „die genußvolle Mischung“ ins Spiel. Zusammen wurden sie an der Pinnwand befestigt, um dem Vortragenden Raum für weitere Interaktion zu geben.

Mit Schildern in allen Größen lassen sich ganz unterschiedliche Aktionen ausführen

1. Während der Präsentation festhalten und anschließend aufstellen

Das Schild: „Die Würde des Menschen" wird erst in den Händen gehalten und findet dann, während der juristischen Grundausbildung, seinen Platz an der Seite. Die hierfür benutzten 5 mm starken Foamboard-Platten sind standfest und in sich stabil.

2. Auf den Boden legen

Hier wird ein Modell zur Organisationsentwicklung präsentiert. Die SeminarteilnehmerInnen sitzen auf Stühlen im Kreis – da bietet sich der Boden als großzügige und ideale Präsentationsfläche an. Der Vorteil: Die Kommunikation über dieses Modell ist einfach, da jede/r es die ganze Zeit im Blick hat.

3. Einen Teil eines Bildes beweglich gestalten

Mobilität wurde in dieses Motiv von vorneherein eingeplant: Der Veranstaltungstitel als Bestandteil dieses Big Pictures (Seite 130 ff.) wurde mit Nadeln fixiert. So konnte er leicht entfernt und für Erinnerungsfotos genutzt werden.

4. Personen Schilder in die Hand geben

Das Thema des Marketing-Vortrages „Ein Mailing gestalten" wurde häppchenweise auf Schildern verteilt und die Teilnehmenden in die Interaktion einbezogen. Die 5 mm Foamboard-Platten sind stoßfeste Begleiter.

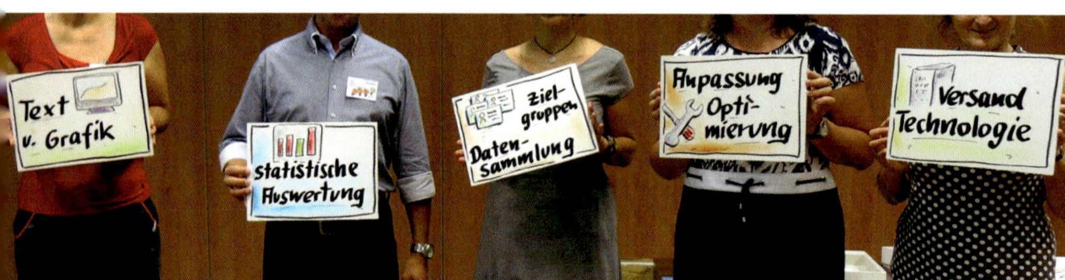

Bei der Kurzreflexion am Ende eines Seminartages illustriert jede/r seine/ihre Aussage mit dem Feedback-Daumen. Er geht durch viele Hände und muss dafür unempfindlich sein.

5. Stabiles Spielmaterial herstellen

Die Karten als Material für dieses Spiel zum Thema „Auftritt & Rhetorik" liegen anfangs ungeordnet auf dem Tisch. In einem zweiten Schritt werden sie mit Nadeln an die Wand gepinnt – sie müssen einiges aushalten.

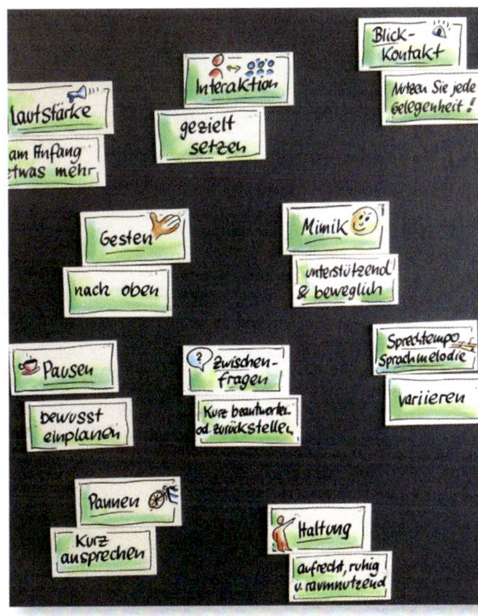

6. In der Natur nutzen

Ein Outdoortraining ist ein schwieriges Präsentations-Setting: Schmutz und Nässe verlangen nach speziellem Material. Eine Foamboard-Variante ist das Produkt „KAPA® plast". Diese Platten sind beschichtet und unempfindlicher. Für die Visualisierung haben wir wasserfeste Edding®-Marker benutzt. Koloriert wurde mit Wachsmalblöcken, denn die halten sogar auf Kunststoffschichten. (www.kapa.com)

03

Einzelne Buchstaben oder Worte inszenieren

Buchstaben, Abkürzungen oder kurze Worte. Aus Foamboards ausgeschnitten werden sie zum Hingucker in jeder Präsentation. Für das Anfertigen muss man ein wenig Zeit einplanen – das Ergebnis und das Feedback rechtfertigen dieses Engagement.

Wenn Buchstaben groß gezeichnet werden sollen, nutzen wir die markante Outline-Schrift (Vorlage im Download ⬇).

Hier ist Foamboard in einer Plattenstärke von 3 mm im Einsatz, denn das Motiv kommt an die Pinnwand.

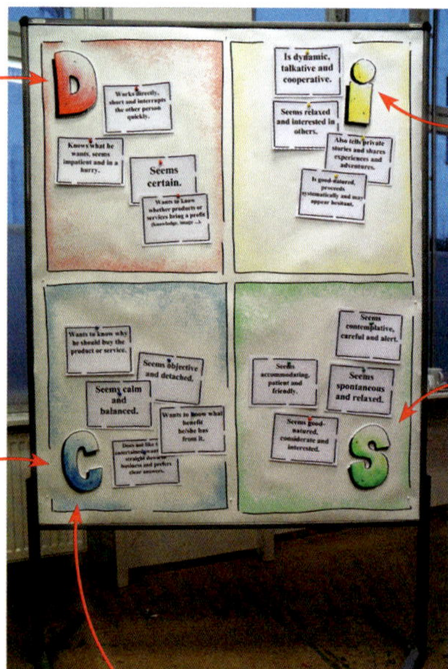

Beim Buchstaben „i" schwebt der i-Punkt normalerweise über dem Buchstaben. Hier mussten wir ihn ein wenig integrieren, damit er eine stabile Verbindung hat.

Diese vier Buchstaben sind ein typischer Anwendungsfall: Sie stehen für ein Modell, in dem die Abkürzungen und Farben eine Rolle spielen.

Von vorneherein haben wir mit den Buchstaben das Format DIN-A4 nicht überschritten, denn das lässt sich immer gut bearbeiten und transportieren.

Die ganze Geschichte: Im Seminar zum persolog® Persönlichkeits-Modell braucht es stets diese vier Buchstaben. Sie spielen permanent eine Rolle und werden unverändert so eingesetzt. In der Mitte hat der/die TrainerIn viel Platz für Präsentation und Interaktion – in diesem Fall werden Karten mit Kurztexten zur Beschreibung von Verhalten zugeordnet. (www.persolog.com)

Den Aufwand dem Präsentationszweck anpassen

Durchpausen: So kommt man leichter zum perfekten Schriftzug

Weil das Vorzeichnen mit Bleistift und ein eventuelles Radieren auf den Foamboards schwierig ist, bereiten wir unseren Schriftzug auf einem Bogen Papier komplett vor. Dieser Bogen wird auf die Leichtschaumplatte gelegt. Etwas kräftiger als sonst üblich werden alle Linien des Motivs mit einem Kugelschreiber nachgezogen. Das drückt sich nach unten durch und die dann erscheinenden Umrisse können mit dem schwarzen Marker nachgezeichnet werden.

Bei der Gestaltung auf Stabilität achten

Dieser Begriff sollte für die Präsentation so befestigt werden, dass er über den Rand der Pinnwand hinausragt. Schon beim Vorzeichnen haben wir darauf geachtet, dass es stabile Verbindungen zwischen den Buchstaben gibt.

1 Unkritisch war das bei den Buchstaben „N" und „U", denn die haben eine große Berührungsfläche.

2 Etwas schwieriger ist das Nebeneinander von „T" und „Z", hier müssen stabile Berührungspunkte erzeugt werden.

„Details kosten Zeit", lautet der Leitsatz für die Erstellung von Foamboard-Motiven

Mehr Aufwand: Die Buchstaben wurden entlang ihrer Linien ausgeschnitten und die Innenräume der Buchstaben entfernt. Das wirkt hinterher besonders plastisch. Dieser Aufwand lohnt sich dann, wenn das Motiv häufig zum Einsatz kommt.

Weniger Aufwand: Hier musste es schnell gehen. Rund um die Schrift läuft ein Rahmen und nur an drei Stellen ist die Außenlinie kurz unterbrochen. Mit weniger Aufwand gehen wir bei einmaligen Präsentationen vor.

Ein einmal aufwendig gestaltetes Motiv als Basis einer vielseitigen Methode

Das Morgenmagazin als Methode im Download.

A Kleinteiliges Ausschneiden: Viele kleine Schnitte waren erforderlich, um den Schriftzug freizustellen.

B Der Schriftzug als Kulisse: Schnell wird der Seminarraum zum Sendezentrum.

C Schriftzug abfotografieren: Als Logo kommt dieses Foto in die Rollenbeschreibungen.

Die inszenierte Schrift als vielseitiger Eyecatcher

Bei den vier Leitbegriffen der Trainerausbildung wurde jeweils ein Buchstabe markant verändert und damit eine plakative Inszenierung geschaffen. Anfangs stehen die Begriffe einzeln da – im Laufe der Trainingstage werden Erläuterungen ergänzt.

1 Abfotografieren und digital nutzen: Einmal abfotografiert, lässt sich der Schriftzug als Bilddatei universell einsetzen.

2 Ausschneiden und ins Flipchart montieren: Der ausgedruckte Schriftzug kommt in diesem Chart als Ausdruck in die obere Ecke – der Rest des Plakates ist dann per Hand ergänzt.

3 In Unterlagen integrieren: Unkompliziert wandert das Logo auch in die Teilnehmerunterlagen oder als selbst kreiertes Bild in eine PowerPoint-Präsentation.

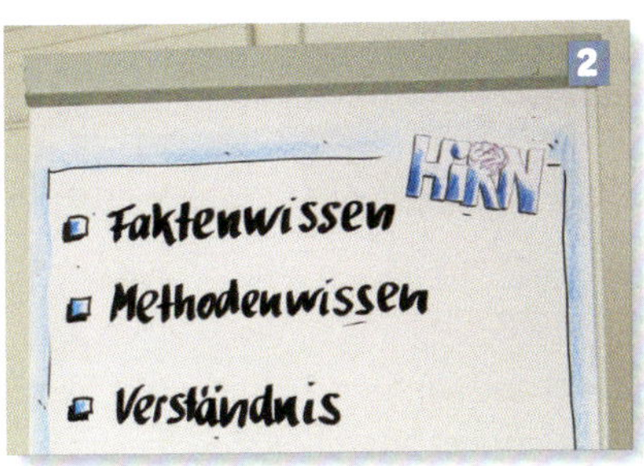

04

Foamboards sind leicht und lassen sich gut aufhängen oder anbringen

Motive aus Foamboard sind nur wenige Gramm schwer und lassen sich dadurch auf viele verschiedene Arten befestigen. Je nach Untergrund können das Nadeln, Klebeband oder Magnete sein.

Das Whiteboard mit seiner glatten Oberfläche ist zum Aufkleben von Elementen ideal.

Der Handel bietet immer mehr und bessere Stifte fürs Whiteboard an: Stifte mit Keilspitze sind erhältlich (www.pilotpen.com) oder auch mit mehr als zehn verschiedenen Farben (www.neuland.com), wenn es einmal etwas bunter sein soll.

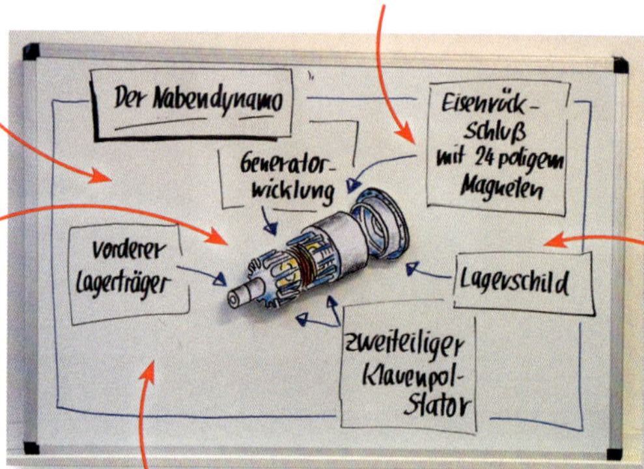

Gerade einmal 14 Gramm wiegt dieses Motiv aus 5 mm Foamboard. Ein einzelner Klebering sorgt für den nötigen Halt.

„Erst die Schrift, dann die Pfeile und zum Schluss die Kästen lässig drumherum“ – in dieser Reihenfolge gibt's kein optisches Chaos und immer ein aufgeräumtes Tafelbild.

Auch dieses Motiv haben wir erst einmal schwarz-weiß gezeichnet, dann eingescannt, anschließend ausgedruckt und koloriert.

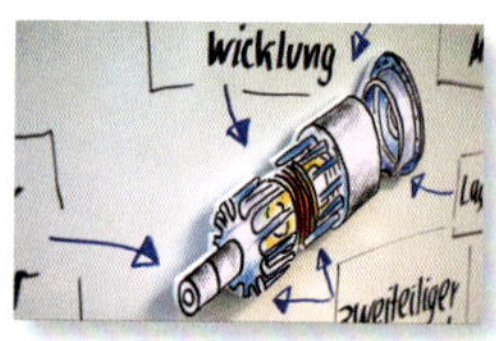

Die ganze Geschichte: Der Nabendynamo ist ein gutes Beispiel dafür, wie man sich durch gute Vorbereitung eine stressige Präsentation erspart: Das Bauteil wird in aller Ruhe zuhause vorbereitet und dann vor Ort mit einer Kleberolle angebracht. In der Live-Situation ergänzt der/die Präsentierende nur noch die Bezeichnungen und rundet das Ganze mit ein paar Linien ab.

Kleberöllchen fixieren zuverlässig auf jedem Untergrund

In unserer Toolbox finden sich zwei verschiedene Klebebänder: Kreppband zum Fixieren der Motive an Wand oder Whiteboard sowie ein breites Packband für die Rückseite des Motivs.

Hier kommt beides zum Einsatz: Ein etwa 10 cm langer Streifen des Packbandes klebt dauerhaft auf dem Motiv, damit das Kleberöllchen aus Kreppband die dünne Papierschicht des Foamboards nicht zerstört.

Kleberöllchen in Warteposition: Auf dem Klemmbrett oder am Rahmen eines Flipcharts warten die Kleberöllchen auf ihren Einsatz in der Präsentation.

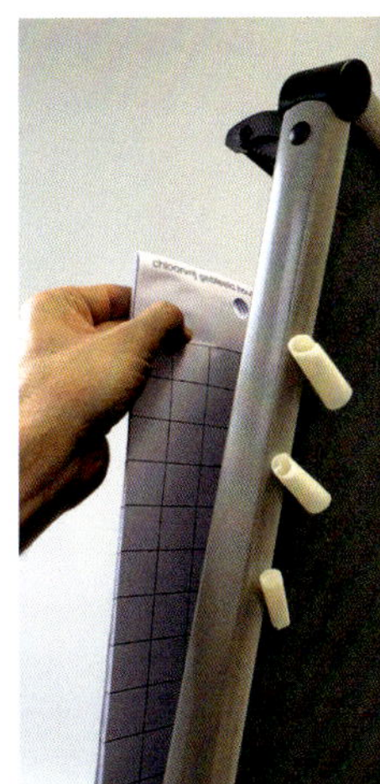

Viele Veranstaltungsräume besitzen Wandflächen aus empfindlichen Materialien, die wir natürlich nicht beschädigen wollen. Kleberöllchen aus Kreppband sind die passende Lösung: Das Entfernen gelingt rückstandsfrei.

Die Materialrückgabe nach dem Kreativ-Workshop funktioniert 1A, wenn jede/r weiß, wohin die Sachen gehören. Die leichten Foamboard-Schilder kleben zuverlässig mit Kleberöllchen an der Tischkante.

Dieses Schild haftet mit Kleberöllchen an einer Glaswand. Gerade für Glaswände sind die 3-mm-Foamboard-Platten im Vergleich zu aufgehängten Papierbögen ideal, denn sie lassen evtl. von hinten durchscheinendes störendes Licht nicht durch.

Nadeln sind der Klassiker für Befestigungen an der Pinnwand

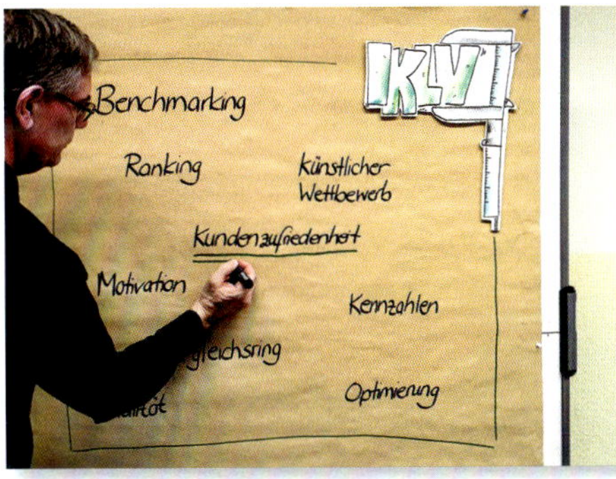

Gerne fixieren wir ein Foamboard-Element mit Nadeln an der Pinnwand. Die 3- oder 5-mm-Platten sind schnell durchstochen und sitzen schon mit zwei Nadeln fest an der Pinnwand-Fläche. Aus der Vielzahl möglicher Nadelfarben wählen wir eher die mit dezenter Färbung des Kopfes.

Der Teufel steckt im Detail - eine kleine Nadelkunde

Sehr beliebt, aber leider für Foamboards ungeeignet, sind die Nadeln mit prägnantem Griff.

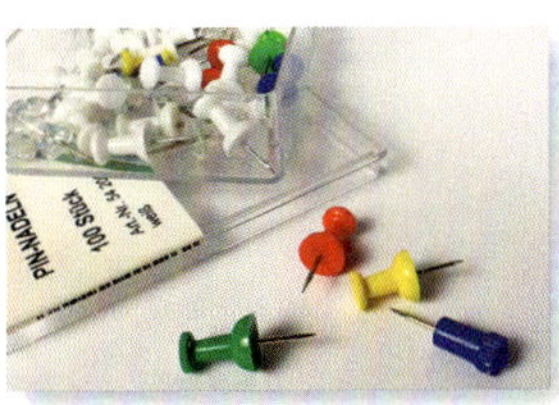

Der Materialvergleich zeigt: Griffstarke Nadeln taugen nur für dünnes Papier. Durch das Foamboard kommen sie kaum durch.

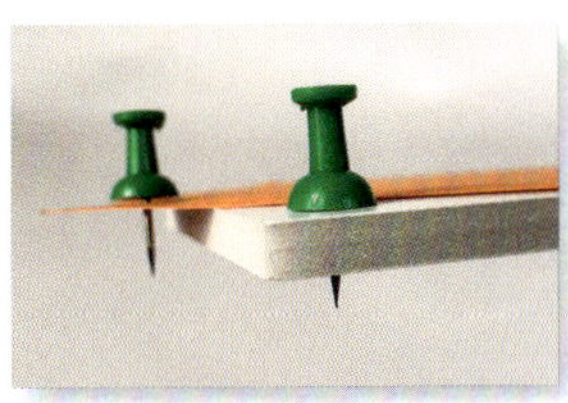

Eindeutig im Vorteil und damit das richtige Hilfsmittel sind die Rundkopfnadeln. Und wenn man es dann noch auswählen kann, dann immer die längere Variante für den perfekten Sitz an der Pinnwand nehmen.

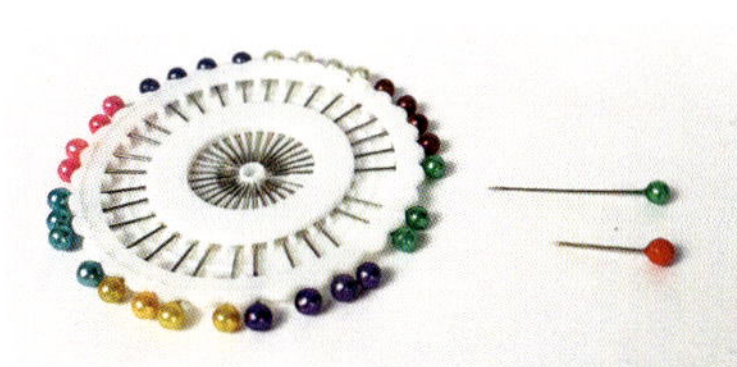

Will man mehrere Foamboard-Elemente aufeinander montieren, braucht es längere Nadeln. In diesem Fall ideal: Stecknadeln mit langer Spitze.

Auch größere Motive werden mit wenigen Nadeln stabil befestigt

Vorder- und Rückseite eines Motivs: Die nötige Stabilität geben hier drei längere Nadeln, denn die Pinnwand wird im Laufe der Aktion mehrfach bewegt und die aus Foamboard geschnittene Figur soll natürlich alles mitmachen.

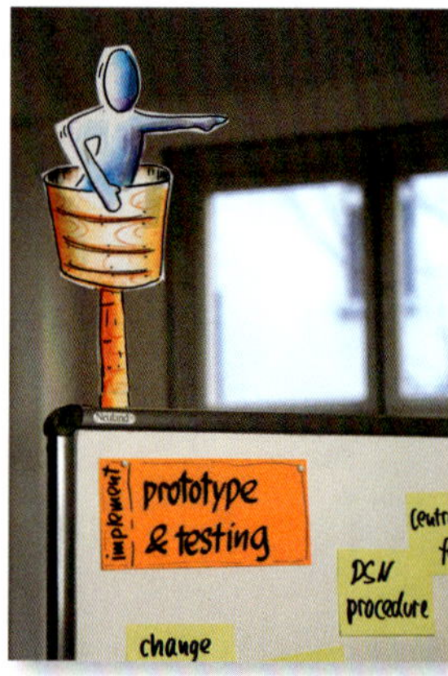

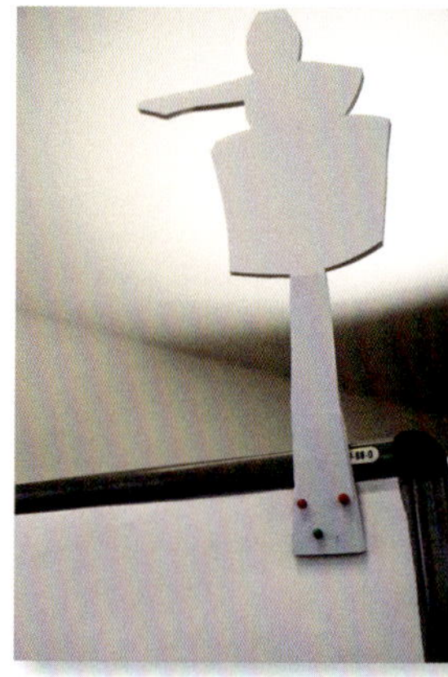

Das seitliche Anbringen von Nadeln kann zusätzlichen Halt bringen

Auf die rote Box haben wir eine Foamboard-Platte mit der Handlungsanweisung montiert. Das wird wahrgenommen und jede/r weiß, was er/sie zu tun hat.

Die Vergrößerung zeigt, wie sie den nötigen Halt bekommt: Seitlich haben wir Nadeln zur Stabilisierung eingesetzt. Bei 5-mm-Foamboards geht das sehr gut – das Material gibt ausreichend Halt.

Von Anfang an mitgeplant: Schild und Material passen zum Transport in die Box.

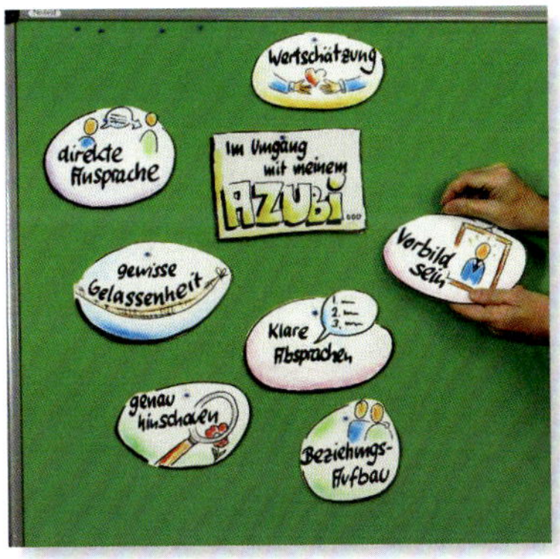

Nadeln erlauben das Beschriften der Rückseiten

Hier zeigt sich die Flexibilität der Nadelbefestigung: Die Karten zum Thema hängen zu Beginn an der Pinnwand. Nach der Präsentation können sie abgenommen und in der Gruppe verteilt werden, denn auf der Rückseite befinden sich Fragen, die beantwortet werden sollen.

Für das Einstechen der Nadel suchen wir uns, wenn es geht, eine schwarz gefärbte oder dunkle Stelle – dann sind die Nadeln für den Betrachter nahezu unsichtbar.

Das fertige Motiv ist ein Mix aus den vorgefertigten Teilen und in der Präsentation live ergänzten Pfeilen.

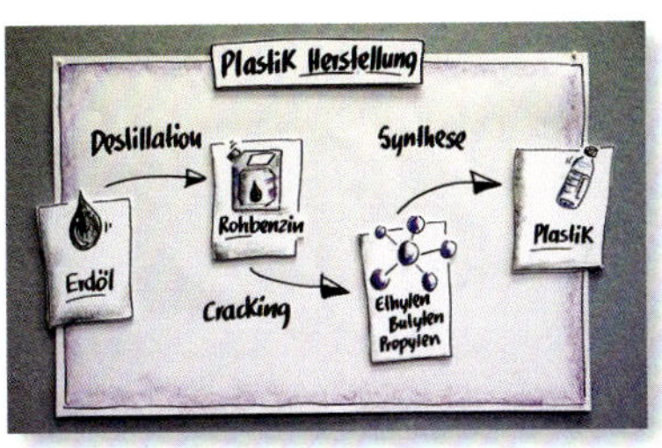

Wenn wir Motive häufig benutzen,

... wird das nach einiger Zeit sichtbar. Die unschönen Stellen sitzen aber meistens im Randbereich und können deshalb mit einem schwarzen Marker ausgebessert werden.

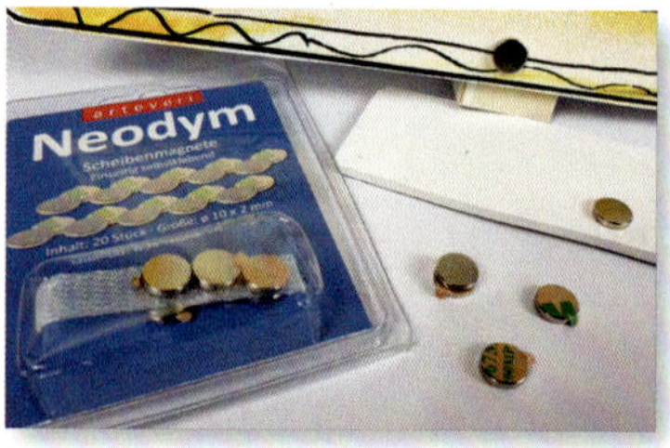

Magnete sorgen für unsichtbaren Halt

Selbstklebende Scheibenmagnete sind immer dann hilfreich, wenn das Motiv auf einem Whiteboard oder Flipchart mit Metallplatte platziert werden soll. Die nur wenige Millimeter dünnen Magnete haben schon in den einfachsten Ausführungen mehr Haftkraft, als wir für die meisten Foamboard-Motive brauchen. (www.magnethandel.de)

Mehrere Elemente mit Magneten versehen

Beim Bilderrahmen „Aufgaben in der Moderation" kleben die Magnete hinten auf den einzelnen Tools. Der/die PräsentatorIn hängt sie „magisch & unsichtbar" auf.

Jeweils zwei Magnete spielen hier zusammen: Jedes Teil hat auf der Rückseite seinen Magneten A. Ein dazu passender starker Magnet verbirgt sich auf der Rückseite des Bilderrahmens B.

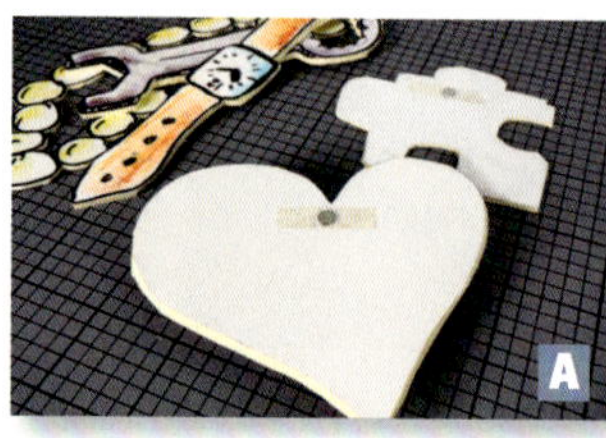

Und auch hier: An den Transport denken. Ganz am Anfang stand zum Transport die flache Zeichentasche im Format 50 x 64 cm. Alles wurde so gemacht, dass es bequem dort hineinpasst. (www.boesner.com)

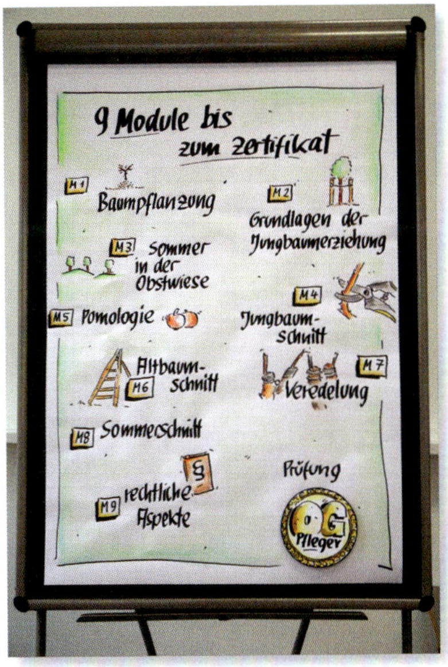

Ein Element haftet mit Magnet im Bild

Mit diesem Plakat stellt der Präsentator die Ausbildung des Obstgehölzpflegers bis zur Prüfung vor.

Die bewegliche Prüfplakette hat einen Scheibenmagneten an ihrer Rückseite und auch auf dem Plakat klebt ein hauchdünner Magnet.

Am Ende der Präsentation haftet die Plakette am Pullover des Vortragenden – auch hier wurde zuvor ein Magnet am Stoff angeklebt.

Griffbereit aufhängen für den Einsatz

Die farbenfrohen Botschaften der Selfie-Wand beim Trainer|Kongress|Berlin müssen vor allen Dingen viel aushalten. Auch hier sind 5-mm-Foamboards das passende Ausgangsmaterial. Damit die Schilder griffbereit präsentiert werden können, befinden sich dünne Klebemagneten an ihren Rückseiten.

05

Objekte gestalten und frei aufstellen

Da Foamboards feststehend stabil sind, lassen sich Motive gestalten, die frei im Raum platziert werden können. Tische, Kanten und Sockel werden so zu Präsentationsflächen.

Ein 5 mm Foamboard bildet die Grundlage für diesen Bilderrahmen (siehe auch Download ⬇).

In die Mitte passt exakt ein Papierbogen im Format DIN-A5. Hier haben wir eine selbstklebende Stick-It Maxi-Rechteck-Karte ins Zentrum geklebt. (www.neuland.com)

Auf der Rückseite befindet sich ein aufklebbarer Rückenaufsteller aus dem Grafikbedarf (s. Seite rechts).

Neue Veranstaltung, neues Thema – der gleiche Bilderrahmen. Schnell ist mit einer neuen Maxi-Karte ein neuer Zusammenhang hergestellt.

Die kleinen Schilder mit den Untertiteln sind rasch gemacht und lassen sich leicht austauschen. Zwei einfache Pinnwand-Nadeln geben den erforderlichen Halt.

Die ganze Geschichte: Manchmal möchte man eine markante Teilnehmeraussage festhalten oder eine wesentliche Botschaft markant inszenieren: Der kleine Bilderrahmen ist dafür der ideale Eyecatcher. Von vorneherein wurde auf Vielseitigkeit in unterschiedlichen Zusammenhängen geachtet und sowohl die Schreibfläche als auch das Titelschild wurden mobil gestaltet.

1. Fertige Rückenaufsteller sorgen für die nötige Stabilität

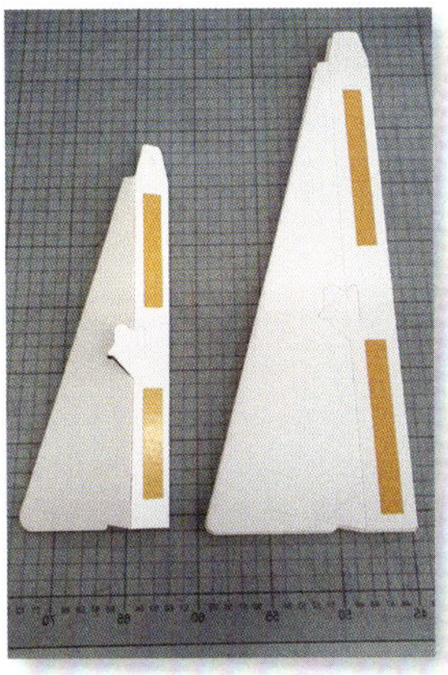

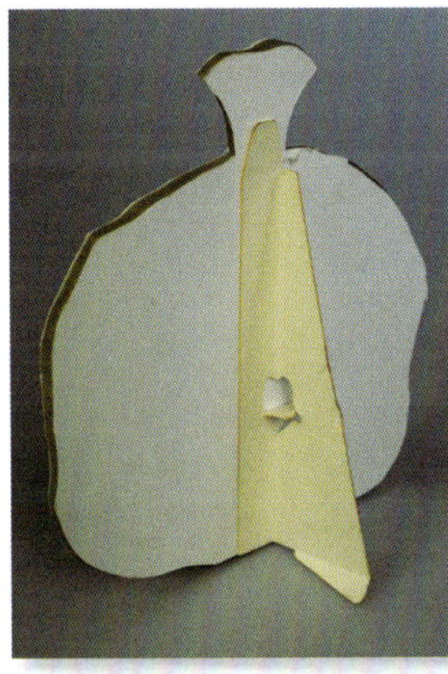

Fertige Aufsteller aus dem Grafikbedarf

Rückenaufsteller (Bildhalter) sind aus Pappe, und es gibt sie in verschiedenen Größen. Ganz unkompliziert können sie mit ihrer selbstklebenden Fläche an der Rückseite des Motivs befestigt werden. (www.modulor.de)

Der ausgeklappte Rückenaufsteller gibt ausreichend Standfestigkeit und ist für den Betrachter während der Präsentation unsichtbar.

Ist die Präsentation beendet, wird der Rückenaufsteller eingeklappt, damit er beim Transport nicht beschädigt wird.

Unser Tipp: Früh an die Verpackung denken

Unsere Objekte kommen an ganz unterschiedlichen Orten zum Einsatz – als Transportverpackungen haben wir häufig Pappschachteln, Zeichenmappen oder Grafiktaschen. Entsprechend sind die Objekte dann oft im DIN-Bereich, dieser Geldsack z.B. ist etwas kleiner als DIN-A4.

2. Kreative Varianten für standfeste Foamboard-Präsentationen

Fixieren mit Klebeband

Genau wie die gekauften Rückenaufsteller, geben auch selbstgefertigte Stützen den nötigen Halt. Mit einem Streifen Klebeband sind die Stützdreiecke an einer Seite stabilisiert – so lassen sie sich zum Transport umklappen und flach verstauen.

Diese Foamboard-Präsentation besteht aus zwei Objekten: der standfesten Pyramide und dem scheinbar auf der Spitze balancierenden Diamanten.

Erst der Blick auf die Rückseite offenbart das Geheimnis: Die Pyramide hatte Platz für einen ausreichend stabilen Fuß, beim Diamanten kann Standfestigkeit nur mithilfe eines Streifen Klebebandes gewährleistet werden.

Wasserglas zum Stabilisieren

Erlaubt ist, was funktioniert: Dieses Foamboard-Schild wurde mit Klebeband an einem Glas fixiert. Das hält und ist für den Betrachter unsichtbar.

Die Vorderseite des Motivs zeigt, dass wir hier noch einen weiteren Effekt nutzen: Das Einmachgummi ermöglicht es, dass der/die PräsentatorIn den Gegenstand in der Mitte des Verbotsschildes je nach Zweck austauschen kann.

Eine kleine „Bastelei“, die sich lohnt: Das robuste Gummiband wird durchtrennt und in zwei Schlitze geschoben, die mit dem Cutter ins Foamboard gesetzt wurden. Damit die Enden des Gummibandes nicht durchrutschen, werden sie an der Rückseite festgeklebt.

Bodenplatte mit Nadeln

Foamboard mit 5 mm Stärke ist das Ausgangsmaterial für Figur und Bodenplatte. In dieser Materialstärke lassen sich die Nadeln gut versenken.

Stecknadeln ohne Kopf sind das geeignete Hilfsmittel, denn die Köpfe der Nadeln verschwinden im Material und ermöglichen einen sicheren Stand.

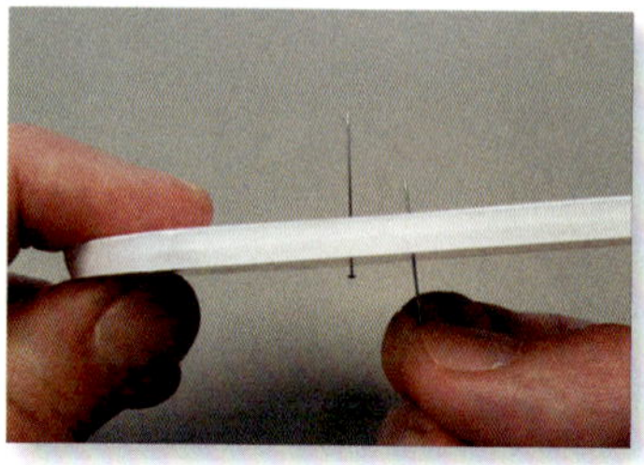

Zwei Nadeln werden von unten in die Bodenplatte gesteckt.

Dann wird's etwas kniffelig: Die Figur wird auf die Nadeln der Bodenplatte gesetzt.

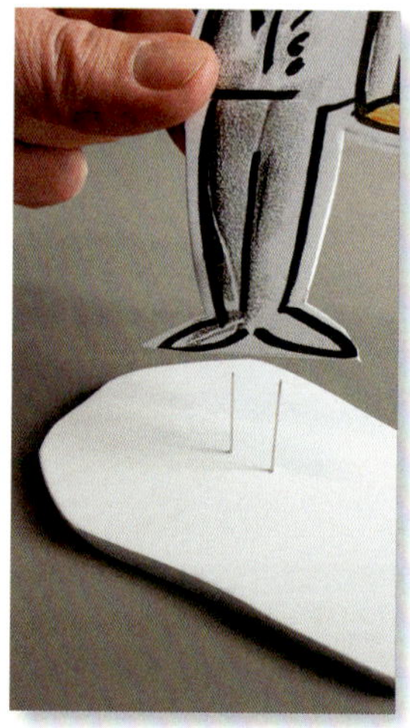

Im Einsatz: Der Ideenwächter wird während der Phase „Ideensammlung" im Innovationsworkshop aufgestellt und erinnert unaufdringlich an die besonderen Regeln und Vorgehensweisen im kreativen Prozess.

Impressionen und Variationen

Präsentationssockel

Nicht geklebt, sondern nur zusammengefaltet wird dieser Sockel mit zwei Nadeln an der Rückwand eines Messestandes fixiert. Das detaillierte Making-of finden Sie im Download-Bereich ⬇ dieses Buches.

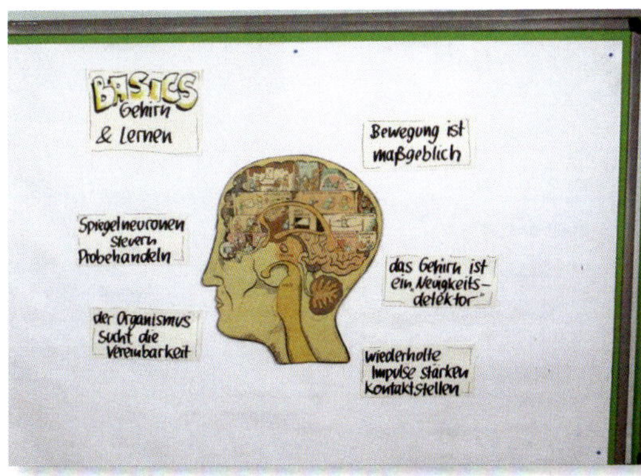

Dünnes Papier haltbar machen

Im Zentrum dieser Präsentation steht die Abbildung eines Kopfes, den wir in der Zeitung gefunden haben. Das extrem dünne Zeitungspapier klebt auf einer 5-mm-Foamboard-Platte aus KAPA®fix und erhält dadurch die nötige dauerhafte Stabilität.

Foamboard ist ideal für Modelle

Hier wurde das Kommunikations-Quadrat von Friedemann Schulz von Thun mit Foamboard (farbige Bodenplatten) und Displays (vier Kommunikations-Ebenen) kombiniert gestaltet. Der Aufwand lohnt, denn dieses Kommunikationsmodell wird oft und unverändert eingesetzt. Eine Arbeit von Christine Balkenhol.

Foamboard-Platten untereinander montiert

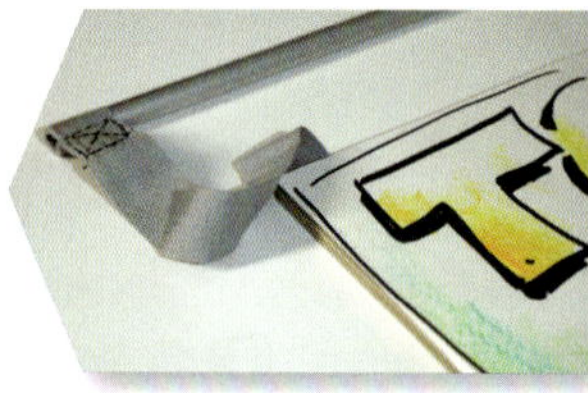

Diese 5-mm-Platten sind auf ihrer Rückseite links und rechts mit einem Stoffband verbunden. Ausgeklappt erreichen Sie eine Höhe von 2,10 m und geben eine eindrucksvolle Übersicht über ein Thema.

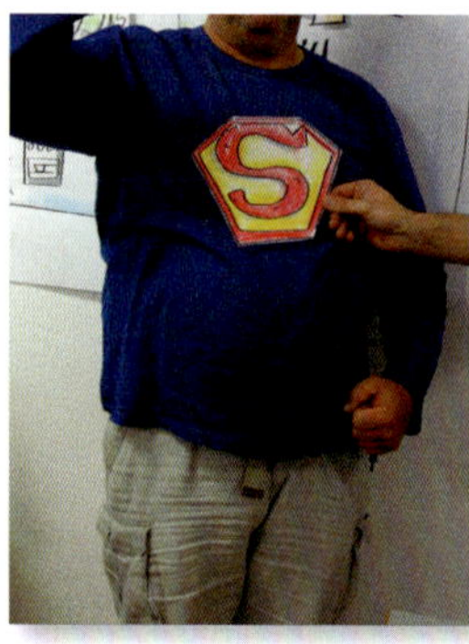

Außergewöhnliches inspiriert zur Spielerei

Das Signet von Superman wurde zum anregenden Eyecatcher in der Fortbildung für SchulleiterInnen.

Botschaften plastisch inszenieren

In der Arbeit mit dem Motivkompass® von Dirk Eilert geht es u.a. um die Aktivierung von Gefühlen. Die Beweglichkeit der Figuren unterstützt die Botschaft des Vortrags. Eine Arbeit von Christine Balkenhol.

Große Ausdrucke stabilisieren

Der Ausdruck für diesen vergrößerten Hamburger kommt im Format DIN-A1 aus dem Plotter eines Copy-Shops. Eine Platte aus 5 mm KAPA®fix sorgt für ein verwindungssteifes Objekt. Die Größe bietet zudem noch Platz für die runden Aufkleber, die während der Präsentation angeklebt werden.

Eyecatcher auf dem Messestand

Hier wurde die Ecke eines Messestands mit Sprechblasen aus 3 mm Foamboard gefüllt. Den Schwebeeffekt unterstützen transparente Fäden.

LEDs lenken den Blick

Eine einfache batteriebetriebene Lichterkette mit Mini-LED bringt den Schriftzug im Zentrum zum Leuchten.

Der Blick auf die Rückseite macht deutlich, dass ein wenig Geschick nötig war, um Kabel und Batteriefach zu verstauen.

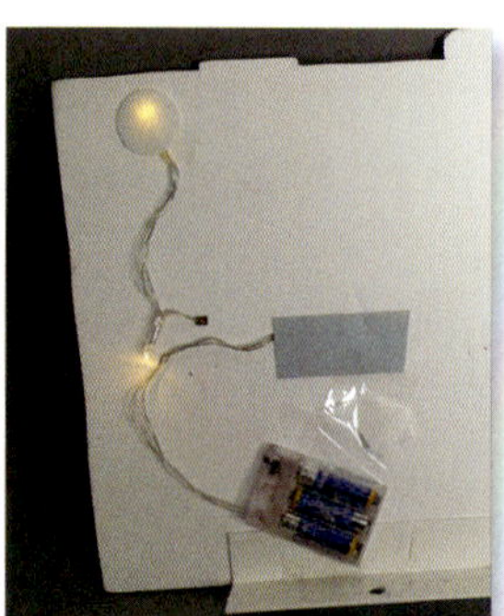

Guter Halt auf Säulen

Manche Veranstaltungsräume haben runde Säulen, die wenig Gelegenheit zur Gestaltung geben. Die Kleberöllchen (Seite 20) auf der Rückseite geben ausreichend Halt und eröffnen damit eine weitere Möglichkeit, eine außergewöhnliche Fläche im Raum für die Präsentation zu nutzen.

Tipp für den perfekten Transport

- Der ideale Aufbewahrungsort für viele unserer Foamboard-Motive sind robuste Blanko-Spielekartons im Format DIN-A4+. (www.spielmaterial.de)
- Zum Transport und zur geschützten Lagerung passen fünf dieser Kartons exakt in eine Really Useful Box mit 35 Litern Volumen. (www.büroshop24.de)

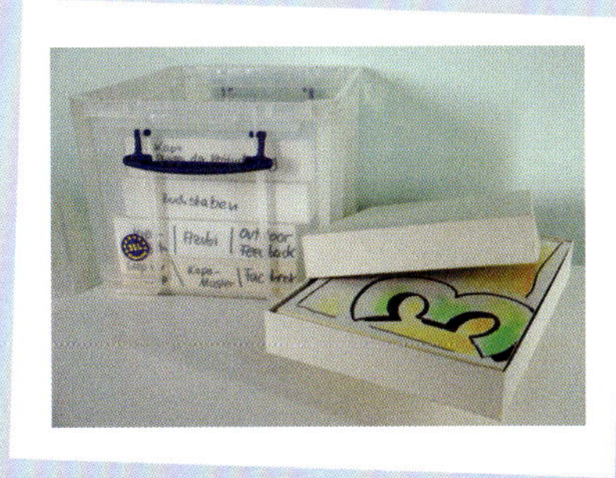

Big Picture

Präsentationen und Visualisierungen im großen Format

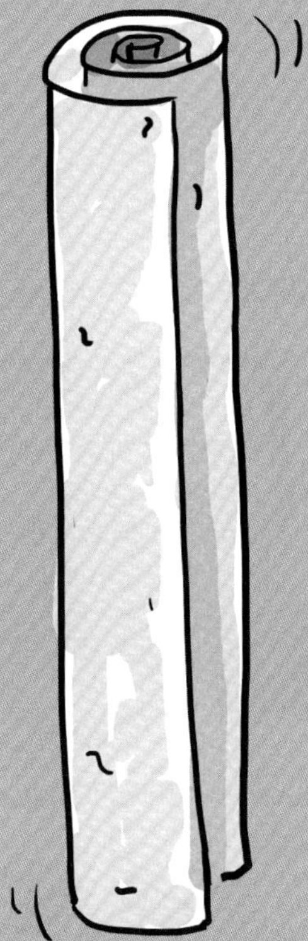

WOW

In diesem Kapitel finden Sie:

Visualisierungen, die auf eindrucksvoll großen Papierflächen entstanden sind.

Hinweise zur Befestigung und Gestaltung der Papiere.

Und ...

eindrucksvolle Beispiele, die auch zeigen, wie man TeilnehmerInnen in den Arbeitsprozess integrieren kann.

Kapitel IV

Big Pictures und ihre Anwendungsmöglichkeiten

01
Das große Format braucht kräftige Papiere

02
Eine Story als Big Picuture plakativ präsentieren

03
In Interaktion mit den TeilnehmerInnen entsteht das Big Picture

04
Templates für die Moderationsarbeit

05
Graphic Recording – die simultane Herausforderung im großen Format

01

Das große Format braucht kräftige Papiere

Das Big Picture bietet große Flächen und viel Raum für Informationen. Je nach Präsentationssetting bedarf es einiges an Vorbereitung bzw. geeigneter Möglichkeiten zum Aufhängen der großen Papierformate.

Klebeband: Große Bögen oder Bahnen aus starkem Papier benötigen einen festen Halt. In die Toolbox gehören verschiedene Klebebänder: Gewebeband, Packband und Putzerband.

Untergrund: Je glatter der Untergrund, desto besser. Die aus der Moderation bekannten Pinnwände sind geeignet – größer geht's noch mit mobilen Zeichenwänden (Seite 135). Unkompliziert sind auch Foamboard-Platten.

Schere & Cutter: Unabdinglich sind diese beiden Werkzeuge zum Zuschneiden des Papiers.

Papier von der Rolle: Geeignete Papiere gibt es im großen Format von der Rolle im Grafik- und Kunstbedarf. In der Regel sind sie 10 Meter lang – die Breiten und Gewichtsklassen variieren (Seite 133).

Wachsmalblöcke: Gerade im großen Format gibt es viel Fläche zu füllen: Mit den Wachsmalblöcken geht das unkompliziert. Farbige Marker sind für große Flächen kaum geeignet.

Marker in drei Größen: Moderationsmarker Big mit Keilspitze für markante Schriften, „normale" Moderationsmarker mit Keilspitze für die meisten Schriften und Zeichnungen sowie ein schmaler Marker mit Rundspitze für feine Details oder Korrekturen.

Papier für große Formate kommt meistens von der Rolle

Der Untergrund bzw. der Platz, an dem das Papier befestigt wird, entscheidet mit darüber, welches Papier eingesetzt wird. Soll ein Big Picture häufiger gezeigt werden, empfiehlt sich von vorneherein Papier mit einem Gewicht von 160 gr. oder mehr.

Untergrund	Papier
einzelne Pinnwand (Seite 134)	Pinnwand-Papier mit 80 gr. in weiß passt exakt auf Standard-Pinnwände (ca. 117 x 140 cm) z.B. www.owb-shop.com
mehrere verbundene Pinnwände (Seite 134)	Kräftiges Rollenpapier, um damit auch Lücken zwischen den Pinnwänden zu überbrücken: 200 gr. Canson Mix Media Imagine z.B. www.gerstäcker.de
aufgeklebte Untergründe (Seite 136 f.)	Fabriano Rollenpapier mit 120 gr. – wie bei den meisten Rollenpapieren in 10 m Länge z.B. www.modulor.de
Graphic-Wall (Seite 135)	Rollenpapier in passender Größe bietet Neuland an www.neuland.com
Faltwand aus dem Messebau (Seite 134)	Zeichenkarton doreé arctic 200 gr. z.B. www.boesner.com

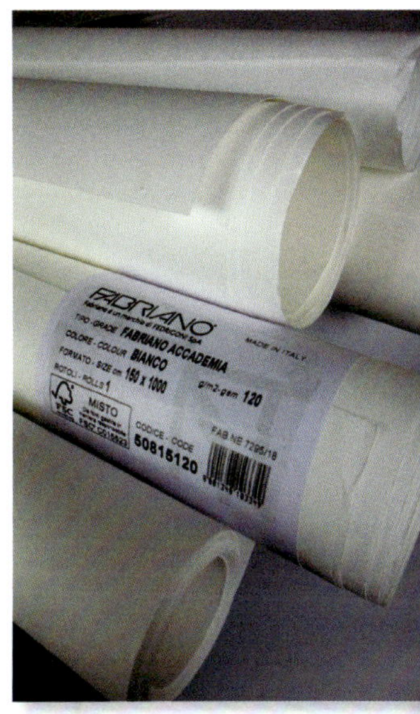

Ganz nach Belieben: raues oder glattes Papier

Im Grafikbedarf begegnen uns glatte oder markante Papieroberflächen. Das führt zu unterschiedlichen Ergebnissen. Ein „besser" oder „schlechter" gibt es dabei nicht – entscheidend ist, dass einem die Optik gefällt.

Die stark vergrößerten Ecken zeigen die Unterschiedlichkeit.

Etwas körniger ist das Ergebnis beim Färben des rauen Papiers (oben). Ähnlich wie beim Kolorieren von Pappkartons (Seite 172) entsteht ein ganz spezieller Look.

Klassisch oder kreativ: Zum Aufhängen des Papiers gibt es viele Möglichleiten

Klassisch: Pinnwände als Papierhalter

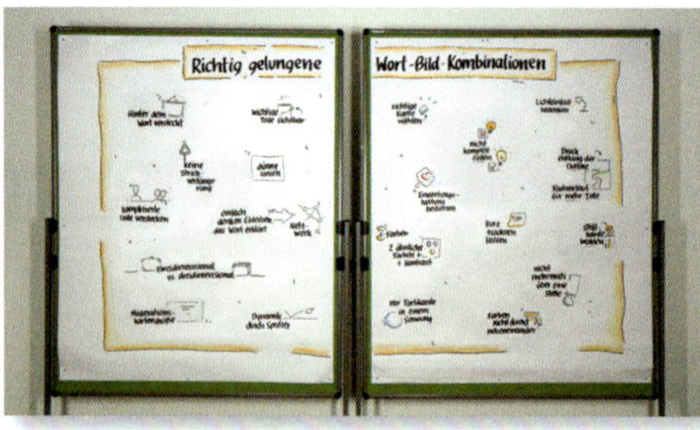

Bei einzeln nebeneinander stehenden Pinnwänden kann gut mit weißen Papierbögen gearbeitet werden: Einfach aufhängen, und die Grundlage für das Big Picture ist fertig.

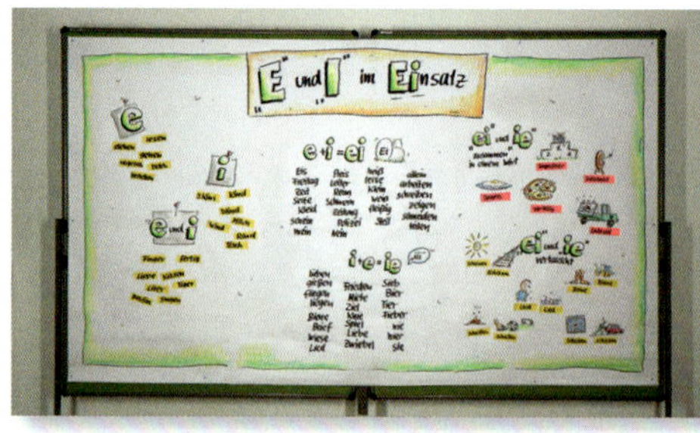

Auch hier stehen zwei Pinnwände nebeneinander. Das Rollenpapier (200 gr.) überbrückt stabil die Lücke zwischen den beiden Pinnwänden.

Kreativer Papierträger: Die Faltwand eines Messestandes

Ein Big Picture, zusammengesetzt aus einzelnen Bildern: Mit Magneten werden die vorher gestalteten Papierbögen an den Streben dieser Werbe-Faltwand fixiert.

Zum schnellen Austauschen haben die haftstarken Magnete einen kleinen Griff. (Kegelmagnete mit Neodym, z.B. bei www.magnet-shop.net)

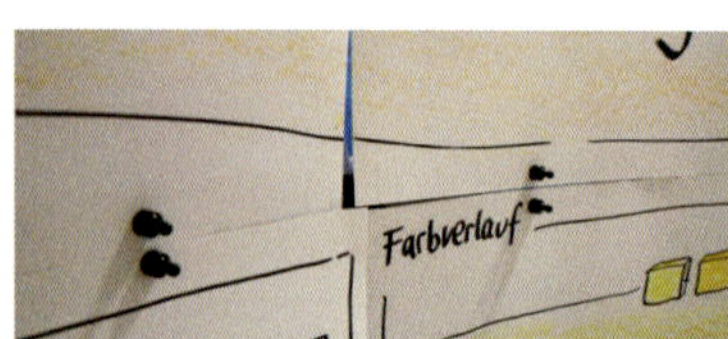

Für professionelles Arbeiten: Die Graphic Wall

Die Graphic Wall von Neuland (www.neuland.com) kommt in Einzelteilen daher und kann bei 1,50 Meter startend mit verschiedenen Arbeitsbreiten aufgebaut werden.

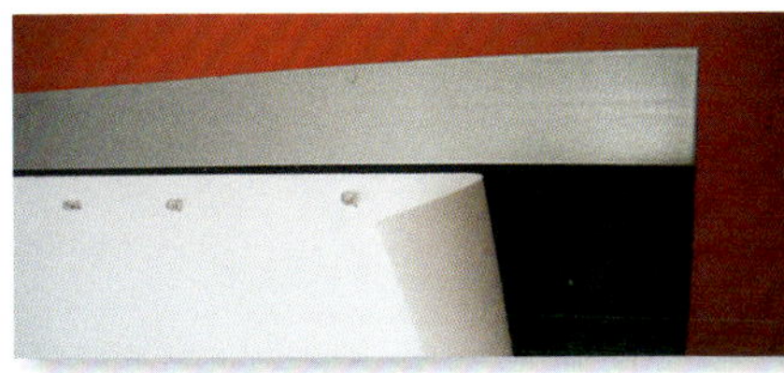

Der Untergrund ist aus dem gleichen Material wie normale Pinnwände. Papier wird daran mit Nadeln fixiert oder am Aluminiumrahmen festgeklebt.

Dieser Aufbau hat drei Meter Länge und etwas über einen Meter Höhe: viel Platz zum Gestalten. Die Gestelle sind fahrbar, falls z.B. im Laufe eines Events die Wand einen anderen Standort erhalten soll.

Die Graphic Wall im Einsatz. Als Stehtische dienen zwei gestaltete Pappkartons.

Aufgeklebt: Ein glatter Untergrund mit Foamboards

Ein typisches Setting für die Arbeit am Big Picture. In einer Event-Factory ist eigens eine Wandfläche freigeräumt worden.

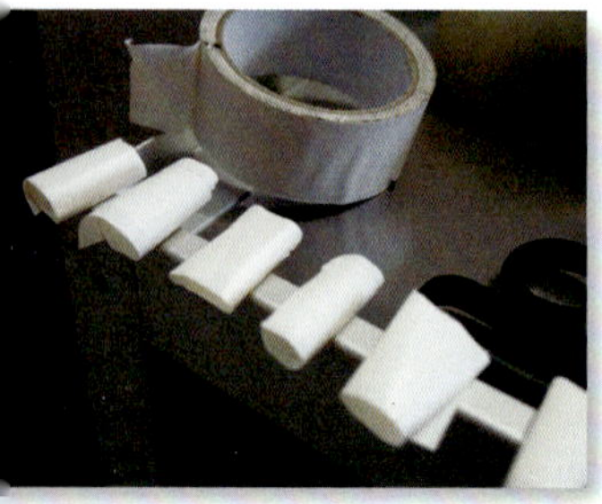

Die Foamboard-Platten werden mit Röllchen aus Klebeband fixiert.

Das Papier von der Rolle wird zuerst einmal in einem Zwischenschritt mit Nadeln auf dem Foamboard angebracht.

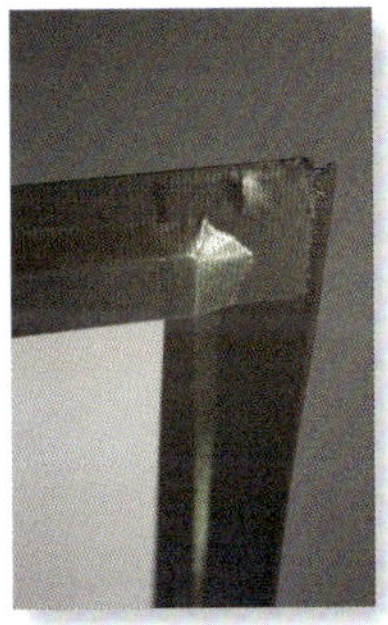

Die kräftigen Papiere drängen immer wieder in ihre gerollte Form zurück. Einen perfekten Halt erhält das Big Picture erst durch Gewebeband rundherum. Die darunter zuerst nur mit Kleberollen fixierten Foamboard-Platten sitzen nun zusammen mit dem Papier bombenfest.

Fertig. Die Überschrift bereiten wir schon einmal vor – nun kann nach und nach das Big Picture während der Veranstaltung entstehen.

Sortiment an Klebebändern einpacken

In Veranstaltungen gehen wir immer mit einem Sortiment von unterschiedlichen hochwertigen Klebebändern an den Start: So kann man auf alle Eventualitäten reagieren. Markenware hinterlässt bei richtigem Gebrauch weniger bis gar keine Rückstände.

02

Eine Story als Big Picture kreativ präsentieren

Ein Big Picture ist in erster Linie Fleißarbeit mit Systematik. Egal, ob vorbereitet oder live entwickelt – es sind immer die gleichen Schritte, die zu diesen eindrucksvollen Präsentationen führen.

Ein typisches Big Picture: ein Meter hoch und 2,10 Meter lang. Von links (aus der Vergangenheit kommend) nach rechts wird die Geschichte erzählt.

Alle Bildelemente greifen das Meeres-Thema auf: viel Raum für Metaphern und Spielereien.

Die Farbgebung ist (wie oft bei thematischen Motiven) naheliegend: freundliche Meereslandschaften sind hellblau – die unruhigen Aspekte der Vergangenheit liegen gräulich im Hintergrund. Grün als Firmenfarbe findet sich im Segel.

Ein einfacher, aber auf die Entfernung effektvoller Rahmen umrandet das Motiv. Das „Making of" des Rahmens (s. u.) zeigt, dass er aus ganz wenigen, aber sich ständig wiederholenden Grundelementen besteht.

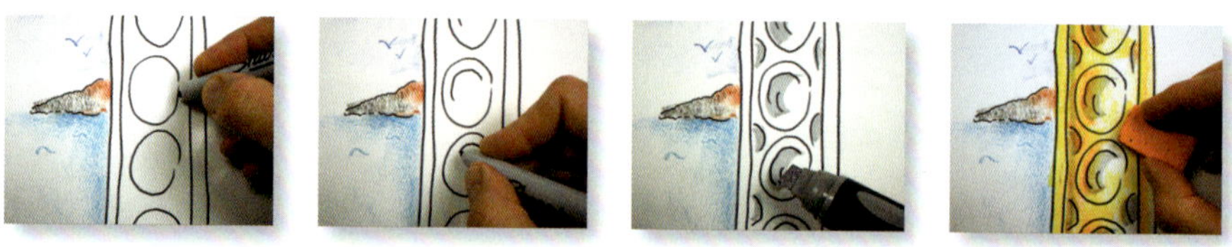

Die ganze Geschichte: „Meer" und „Schifffahrt" sind häufig benutzte und einleuchtende Metaphern. Die Auswahl der Bilder geschah im Dialog mit dem Auftraggeber. Es gab von vorneherein Wünsche, wie z.B. „Reise", „Fahrt aufnehmen" und „Entwicklung". Ist dann erst einmal das Leitmotiv festgelegt, drängen sich einem die notwendigen Bilder schnell auf: Es braucht Fahrzeuge, es geht um veränderte Landschaften und immer auch um Dynamik.

1. Leitmotiv festlegen und Detailideen sammeln

Aus dem Gespräch mit dem Auftraggeber entwickelt sich die Story (hier: Meer/Seefahrt): Welche Leitidee soll umgesetzt werden? Welche Texte und Bilder sind ein „Muss“? Was kann ergänzend hinzugefügt werden?

▲ Inspiration: Vorlagen und Anregungen zum Leitthema suchen

◀ Kreation: eigene Bildideen und Verknüpfungen auf Post-its® entwickeln

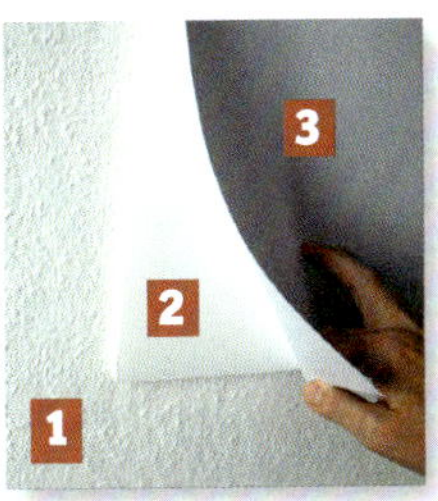

2. Die Zeichenfläche vorbereiten

In diesem Raum begegnete uns an der Wand eine Rauhfasertapete **1**. Um allerdings auf einer glatten Fläche arbeiten zu können, befestigten wir erst einmal Foamboard-Platten **2**. Darüber wurde dann das Zeichenpapier **3** gespannt und angepinnt.

3. Mit Post-its® ein besseres Gefühl für die Raumaufteilung bekommen

Die auf Haftnotizen gesammelten Ideen helfen, einen Überblick für die Positionierung zu bekommen: Wo kommt was hin? Wie sehr kann ich mich mit einem Motiv ausbreiten? Wie viel Abstand muss ich zum Nachbarmotiv halten? Bekomme ich alle Informationen unter?

4. Die Schrift wird der Dynamik der Bilder angepasst

Wir bemühen uns nicht nur, leserlich zu schreiben, sondern geben der Schrift schon beim Aufschreiben eine Form oder Ausrichtung, die sich am dazugehörigen Bild orientiert. Das verstärkt das Zusammenspiel und die Wirkung.

Die Rundung des Strudels wird aufgegriffen.

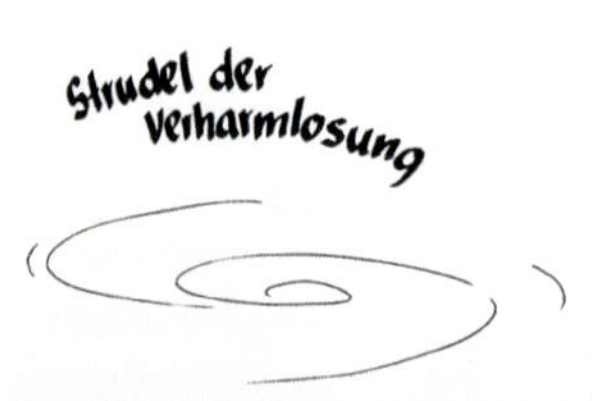

Ein Schlagwort ersetzt den Mast.

Der Text ist ein Hindernis für die springenden Delfine.

Die Schrift wird in Windrichtung größer.

5. Passende Bilder ergänzen die Texte

Nachdem geschrieben wurde, werden die Zeichnungen in der Nähe des Textes platziert. Unser Blick gilt vor allen Dingen den Freiräumen: Linien und Bilddetails halten ausreichend Abstand zur Schrift.

Die Schrift scheint für den Betrachter immer im Vordergrund zu sein. Das Motiv (hier der Krake) befindet sich „dahinter“.

Die Küstenlinie ist durch die Schrift unterbrochen. „Ein Zentimeter Abstand zur Schrift“ ist eine gute Orientierung.

Auch schraffierte oder farbige Flächen halten Abstand zur Schrift: Eine „Aura“ entsteht.

6. Kolorieren

Erst die Bilder …

… dann die Flächen …

… und zum Schluss den Rahmen.

Zeichnet ihr im Big Picture mit dem Bleistift vor?

Ja. Es gibt Situationen und Motive, die so besonders, neu oder auch naturgetreu sind, dass wir sie erst einmal vorzeichnen müssen, um selbst Sicherheit in der Zeichnung zu bekommen. Oft hilft das Arbeiten mit dem Bleistift auch, um ein Gefühl für die Flächen zu bekommen. Wenn wir mit dem Bleistift arbeiten, versuchen wir, nicht auch noch radieren zu müssen, daher: Möglichst dünne Linien ziehen!

Nein. Grundsätzlich versuchen wir, auf Bleistifte zu verzichten, so oft es geht. Gerade wenn das Big Picture schnell entstehen soll (Graphic Recording, Seite 158 ff.) bleibt oft gar keine Zeit für detaillierte Vorarbeit. Post-its sind oft die schnellere Alternative. „Mut zur Lücke" ist hier das leitende Prinzip. Unsauberkeiten und Fehler fallen meist gar nicht auf.

Stories erzählen im großen Format

Die Möglichkeiten sind unbegrenzt: Jedes Thema bringt andere Assoziationen hervor, jeder Kunde fühlt sich mit anderen Farben wohl und unterschiedliche Textmengen schaffen immer wieder andere Ergebnisse.

Viel Text

Dieses Big Picture ist die visuelle Umsetzung einer nüchternen und eher tabellarischen Grafik. Das Leitmotiv „Maschine“ wurde gewählt, um Gradlinigkeit, Prozesse und deren Zusammenwirken zu beschreiben. Obwohl hier viel Text das Motiv dominiert, bleibt am Rande immer Platz für kleine Illustrationen.

Wenig Text

Dieser Auftrag brachte das Gegenteil mit sich: relativ wenig Text und damit viel Platz für mögliche Bildelemente. Die Herausforderung in diesem Big Picture war, mit den Bildern nicht unnötig viel zu erzählen und damit von den zentralen Punkten abzulenken.

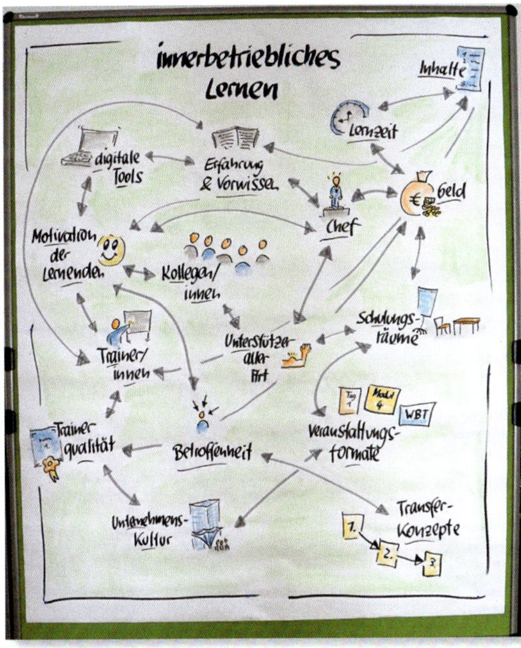

Einfache Darstellung

Im Gegensatz zu unserem bildgewaltigen Startmotiv mit der Meeresmetapher (Seite 138 ff.), vielen Details, verspielten Assoziationen und Farben kommt dieses Big Picture eher nüchtern daher: ruhige Farbflächen, einseitigere Farbgebung und eine Dominanz von Grau und Blau.

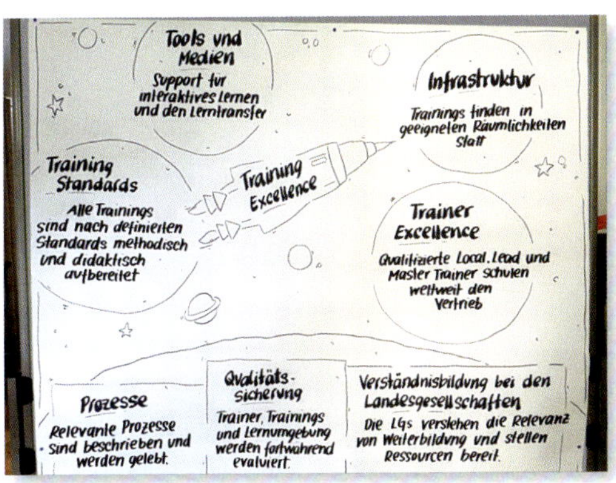

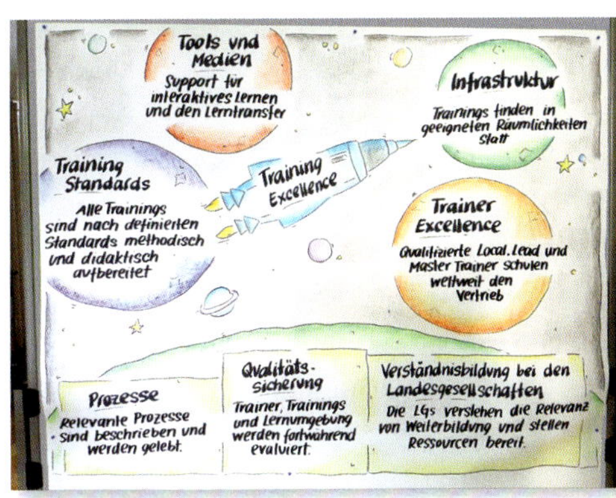

Plakative Darstellung

In diesem Motiv dominieren in der Endfassung wieder kräftige Farben. Vorher jedoch, im Entstehungsprozess, wirkte die Bildlandschaft sehr leer. Vom schwarz-weißen Anfangsbild darf man sich nicht verführen lassen. Farbe muss immer mitgedacht werden und ist für die Wirkung ein bedeutsames Element.

Mit einem Big Picture vielseitig arbeiten

Am Anfang stand die Idee, das häufig genutzte Thema „Leadership" mit all seinen Details in eine Geschichte mit dem Grundthema „Landkarte" zu bringen.

Ernst Wyrsch und das Team der Tatkraft GmbH gehen jetzt damit auf Tour und integrieren das Motiv in Business-Präsentationen und Teilnehmerunterlagen.

Hingucker für Gruppenarbeiten

Anstatt posterartige Ausdrucke von PowerPoint-Folien einzusetzen, arbeiten Kleingruppen in dieser Veranstaltung auf Basis von großformatigen Zeichnungen, die ein Thema repräsentieren und zusammenfassen.

Hingucker für den Messestand

Hat man einmal den Aufwand einer großen Zeichnung betrieben, lohnt es sich, sie möglichst oft einzusetzen: Mario Sander und Stephan Gingter präsentieren hier vor einem Big Picture, das als Hintergrundmotiv einen Messestand des BDVT zierte.

Tipp: Den Veranstaltungsort ins Big Picture integrieren

Oft lassen wir im Big Picture irgendwo den Veranstaltungsort auftauchen, egal ob Schloss, Firmengebäude oder Hotel. Das ist wenig Aufwand und für die Betrachter immer ein wenig Suchspiel und Wiedererkennung.

03

In Interaktion mit den TeilnehmerInnen entsteht das Big Picture

In die Entstehung eines Big Picture können die TeilnehmerInnen integriert werden. Veranstaltungen, die einen ganz besonderen Charakter haben, wie z.B. ein Jubiläum, ein Kick-off-Event oder ein Review-Meeting erhalten dadurch ein bleibendes Element.

Die KongressteilnehmerInnen brauchen eine Idee davon, worum es bei der Aktion geht.

„Unberechenbar" war, wie viele der 300 TeilnehmerInnen mitmachen. Deshalb wurde in der Mitte angefangen und von dort nach links und rechts gearbeitet. Der begrenzende Rahmen kommt ganz zum Schluss.

Von vorneherein war klar, dass dieses Big Picture transportiert (nächste Seite) und auf der Bühne frei gehalten werden soll. Das Papier war extrem stabil mit einer Grammatur von 250 gr.

Kreativität ist oft beim Anbringen des Papiers gefragt. Hier wurden bei drei Pinnwänden die Füße angewinkelt und die Wände mit Klebeband aneinandergeklebt.

Die ganze Geschichte: Der Neuland-Moderationsmarkt wünschte für sein 10-jähriges Jubiläum eine unkomplizierte Aktivität, bei der die BesucherInnen einerseits integriert werden, ohne andererseits jedoch zu lange mit dem Zeichnen an dieser Station beschäftigt zu sein.

Wenn alle ohne Vorgaben selber zeichnen, wird ein Big Picture sehr unruhig und die Proportionen wirken unharmonisch. Die von uns vorgezeichneten Körper, Arme und Beine sorgen für ein gewisses Gleichmaß. Die TeilnehmerInnen ergänzen Köpfe, Sprechblasen und Farben.

Gehört immer mit dazu: Die Präsentation mit Wow-Effekt vor dem Publikum. Der stabile Zeichenkarton lässt sich gut zusammen- und anschließend auseinanderrollen.

Das Big Picture als Blickfang und Erinnerungsstück

Einheitlich vorgezeichnet wurden auch hier die trapezförmigen Körper der Figuren. Das hilft bei der Platzeinteilung und gibt Orientierung, wie groß die Figur hinterher sein soll.

Auf dem Materialtisch steht ein Anleitungsplakat. Damit wird den TeilnehmerInnen klar, was sie zu tun haben, ohne dass jemand die ganze Zeit danebenstehen muss.

Die Wimmelbilder sind immer ein Hingucker und Treffpunkt für Gespräche. Wir platzieren sie stets prominent oder im Pausenbereich.

Die einzelnen Elemente dieses Big Picture wurden im kleinen Format vorbereitet und vor Ort aufgeklebt (Klebestift, Seite 29). Das große Bild ist in diesem Fall also eine Montage aus wiederverwertbaren, weniger großen Einzelmotiven.

Nach der Aktion heißt es: „Einsammeln!" Gerade Zeichnungen wie die aufwendige Stadtsilhouette von Köln finden mehrfach Verwendung.

Die Beiträge der TeilnehmerInnen werden gemeinsam zum Big Picture

In Anlehnung an antike Holz- oder Goldrahmen entstanden die Vorlagen für die Teilnehmerbögen mit viel Gelb, Orange und Brauntönen (Kopiervorlage der Rahmen im Download-Bereich ⬇).

Einmal eingescannt, hat man ein Motiv, das sich in vielen Zusammenhängen einsetzen lässt.

Passend zur Personenzahl der Veranstaltung drucken wir die Bögen aus.

Anders als bei den Teilnehmeraktivitäten auf den vorhergehenden Seiten gab es hier vorgefertigte Fragefelder und nur eine kleinere Zeichenaufgabe: der Blick aus dem Bürofenster.

Eine „Ahnengalerie" imposanter Größe: Mit Ausdrucken im Format DIN-A3 je TeilnehmerIn erreicht man schnell eine wandfüllende Inszenierung. Auf dem braunen Pinnwandpapier geben die Ausdrucke einen guten Kontrast. Das geschwungene Banner mit dem Veranstaltungstitel entstand aus einem quergelegten Flipchart-Bogen.

04

Templates für die Moderationsarbeit

Moderierte Prozesse funktionieren dann gut, wenn sie durch passende Visualisierungen unterstützt werden. Mit einem vorgefertigten Template machen wir ein grafisches Angebot für den Verlauf eines Gesprächs.

Das Titelschild macht den Anfang.

Wolken in unterschiedlichen Färbungen geben Raum für Bedrohliches und Erfreuliches.

Gefärbt wird nur entlang der schwarzen Linien – so bleibt Raum für die Schrift.

Die Zielbeschreibung erhält einen prominenten Kasten.

Der Weg startet unten links mit einer Ausrichtung nach rechts oben: eine positive Entwicklung.

Meilensteine können Termine oder erreichte Zwischenergebnisse sein.

Die ganze Geschichte: Der/die Moderierende hat mit diesem vorbereiteten Motiv Annahmen getroffen: „Wir erarbeiten einen gemeinsamen Weg." – „Es gibt kritische Momente und Abgründe." – „Am Ende stehen konkrete Zielvereinbarungen." Damit ist der Ablauf der Moderation anschaulich vorgegeben. Weitere bildhafte Ergänzungen können hinzugefügt werden.

Beschriften oder Kleben? Für die mehrfache Nutzung von Templates empfehlen sich klebende Moderationskarten in passenden Farben. (www.neuland.com)

Eine ganz einfache Variante: Kästen, Farbkanten und Post-its® für Bilder

1 Das Basisplakat ist schnell erstellt. Der Clou: Die Kästen liegen scheinbar übereinander.

2 Bei der Vorstellung der Oberthemen werden die auf Post-its® gezeichneten Symbole eingeklebt.

3 Die Gruppe erarbeitet zusammen mit dem/der ModeratorIn die einzelnen Punkte.

4 Die Kacheln mit den Symbolen werden hinterher abgehängt und in einer unkomplizierten Hülle sicher verstaut.

Aufwendige Zeichnungen für Templates in Ruhe vorbereiten

1 Vorbereitet – evtl. sogar mit einer Vorlage: das Team-Schild, das wir mehrfach nutzen wollen.

2 Fertig koloriert, wird das Motiv ausgeschnitten ...

3 ... und mit dem ablösbarem Hafti-Kleber auf dem Papierbogen befestigt.

4 Zusammen mit der Überschrift gibt es in diesem Template gleich zwei wiederverwertbare Elemente.

Der Rest des Plakates mit den Textfeldern ist für den einmaligen Gebrauch bestimmt.

Ein Blick ins Detail: Im Vergleich zum Motiv „Dozentenfutter“ auf der vorhergehenden Seite haben wir hier die Textfelder weiß gelassen und Farbe in den Hintergrund gelegt.

Papier falten für gerade Linien

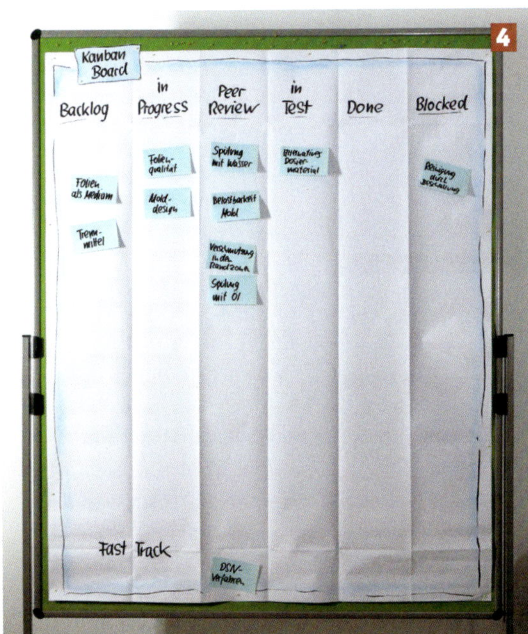

1 Entsprechend der Anzahl der gewünschten Felder wird der Papierbogen aufgeteilt.

2 Pinnwandpapier ist relativ dünn – so lassen sich auch mehrere Lagen unkompliziert zusammenfalten.

3 Zum Schreiben geben die geknickten Linien eine gute Orientierung.

4 Mit Zollstock oder Lineal wäre es nicht möglich gewesen, in so kurzer Zeit annähernd gleichmäßige Felder eingeteilt zu bekommen.

Die Moderation kann sich nun ohne dominante Begrenzungen auf diesem Template bewegen.

Unkompliziert Eyecatcher integrieren

Hier wird ein Herz aus rotem Zeichenkarton zum Zentrum des Templates. Dieses Motiv bildet die Grundlage für die Moderationsarbeit einer Team-Reflexion (Methodenanleitung und Buch unter www.theteam-canvas.com).

Unkomplizierter, als es zu Beginn erscheint, entsteht das Herz auf Basis eines großen Quadrates.

Kreise zeichnen mit Hilfsmittel

1 Der gelochte Streifen eines Flipchart-Bogens dient als Zirkel.

2 Mit einer Nadel wird der Papierstreifen fixiert. Die Löcher nutzen wir zur Stiftführung. Bei diesem Motiv haben wir alle Linien mit Bleistift vorgezeichnet, damit wir im nächsten Schritt „ungebremst“ schreiben können.

3 Der Text kann über die Linien des Kreises hinausgeführt werden. Erst wenn die Schrift komplett ist, ziehen wir die Linien mit einem Marker nach.

4 Die einzelnen Felder des Kreises sind nicht komplett gefärbt: Es gibt viele weiße Flächen (vor allem unter der Schrift) und nur einen dezenten Farbabrieb.

1

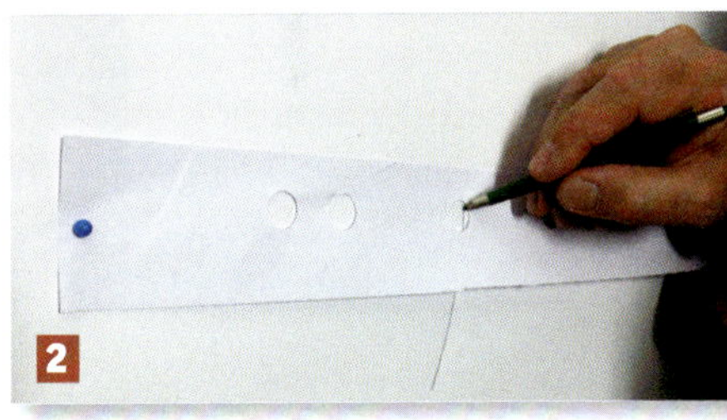
2

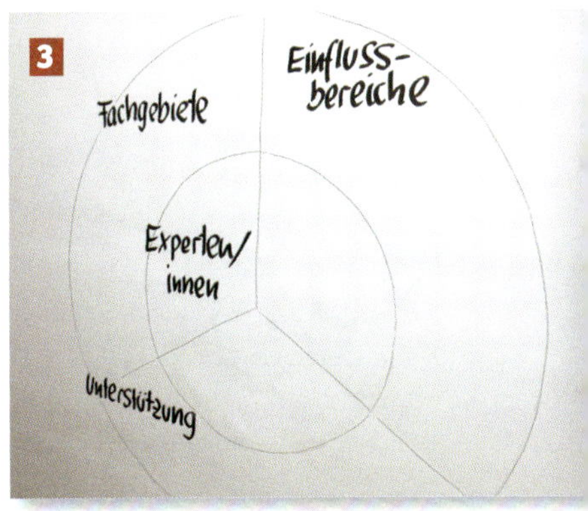

3

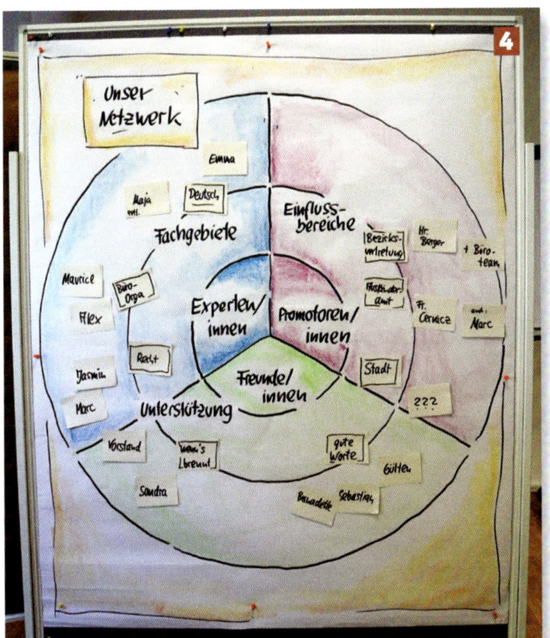

4

Weitere Ideen, um mit verschiedenen Hilfsmitteln einen Kreis zu zeichnen, im Download.

05

Graphic Recording – Die simultane Herausforderung im großen Format

Die Profi-Liga der Visualisierung spielt live und auf der großen Leinwand: Graphic Recording. Was hinterher auf mehreren Quadratmetern beeindruckend ausschaut, ist in der Detailbetrachtung ein guter Mix aus Darstellung, Kreativität und Routine.

New York als Grundmotiv macht es einfach und gibt viele Bildideen vor: Hochhäuser, Wasser, Brücken etc. Vieles davon wird möglichst realistisch gezeichnet.

Immer ein Eyecatcher: herausragende Bildelemente.

Die auf Seite 135 gezeigte „Graphic Wall" von Neuland ist hier um zwei Ständer und mehrere Platten auf insgesamt sechs Meter Länge erweitert worden.

Die ganze Geschichte: Der jährlich stattfindende Weiterbildungskongress Petersberger Trainertage hat jeweils ein Leitmotiv (2018: „New Work"). Die Keynotes der Veranstaltung werden live mitgezeichnet. Als ZeichnerIn kennen wir den Ablauf des Programms, die Titel der Vorträge und die Namen der ReferentInnen. Der Rest passiert spontan und intuitiv – zentrale Aussagen und Ereignisse werden simultan in Text und Bild als Big Picture dokumentiert.

„Immer eine Lücke für Überraschungen freihalten", ist eine der Grundregeln im Graphic Recording. Bis kurz vor Schluss kann es sein, dass Platz für eine wichtige Information gebraucht wird.

Kernbotschaften der Vorträge werden auf Post-its® festgehalten und zeitversetzt gezeichnet.

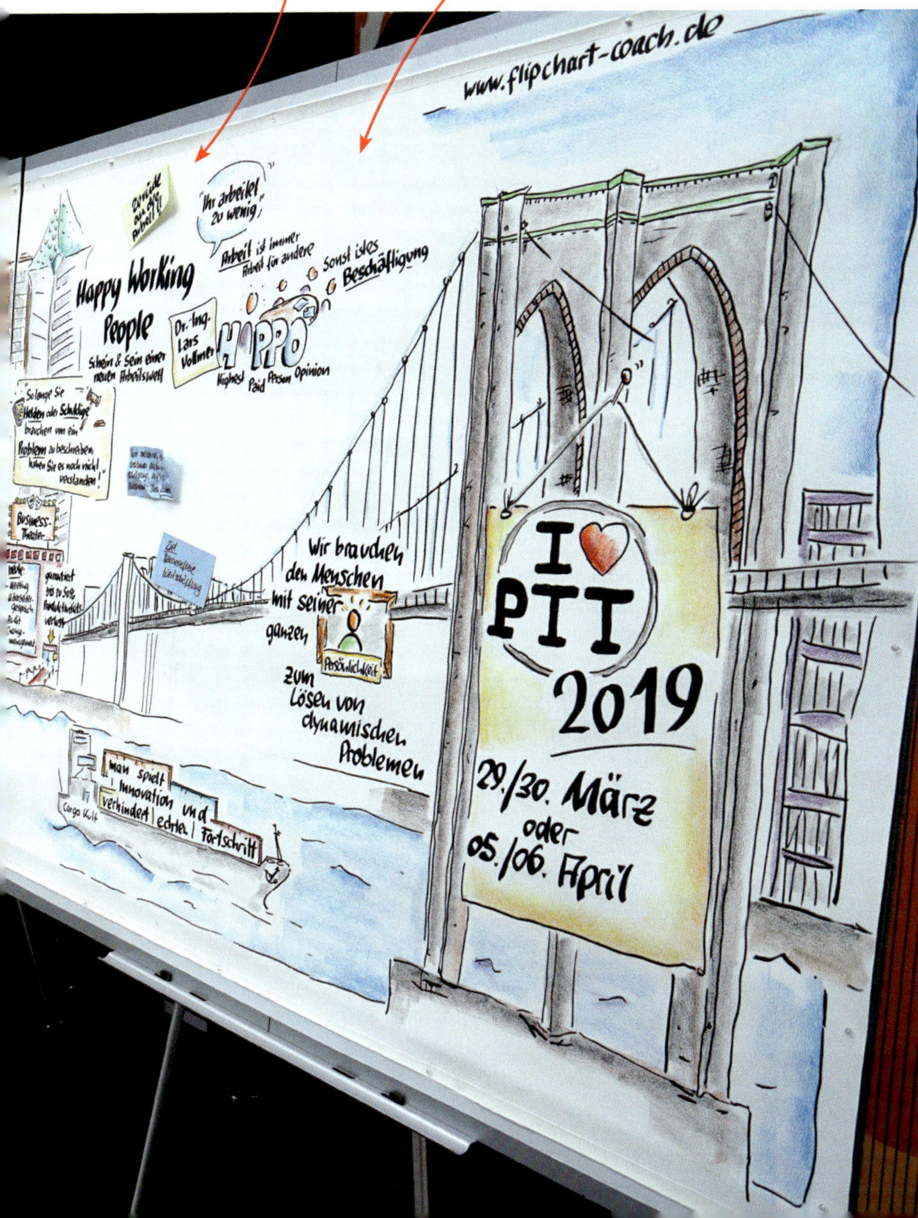

Im Graphic Recording treffen sich detaillierte Vorbereitung, Handwerk und Zeichenkunst

„Einfach nur gute Bildchen malen" ist zu wenig für ein wirklich gutes Big Picture. Schrittweise wird vorab geplant und durchdacht, was hinterher in der Veranstaltung auf einer großen Wandfläche vor den Augen des Publikums live gezeichnet wird.

1. Auftrag: Viele Veranstaltungen haben von vorneherein ein Motto, ein zentrales Thema oder oft sogar eine grundsätzliche Visualisierungsidee. Bei den Petersberger Trainertagen (das Big Picture auf den beiden vorhergehenden Seiten) war das der Themenkreis rund um die Schlagworte „neue Arbeit", „Großstadt", „Agilität" und „Modernität".

2. Veranstaltungsort: Graphic Recording benötigt Platz. Ein guter Standort liegt immer großzügig am Rande eines Event-Areals am Laufweg des Publikums.

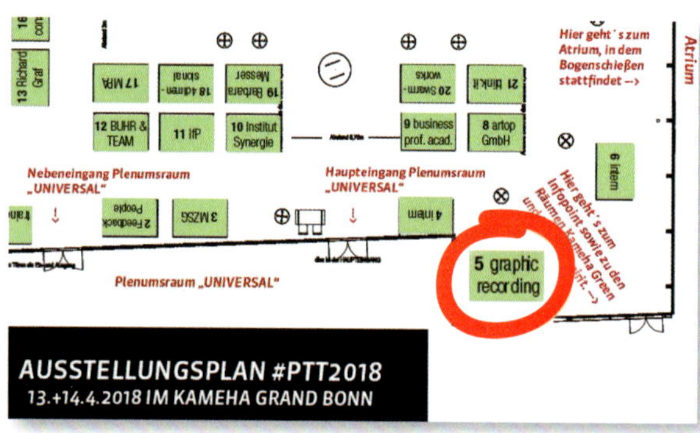

3. Zeitplanung: Während der Vorträge sind die Graphic Recorder beim Zeichnen aktiv. In den Veranstaltungspausen stehen sie mit ihren Ergebnissen im Fokus – häufig ist das Big Picture ein Treffpunkt zum Nachlesen und Diskutieren, für Fragen und Fotos.

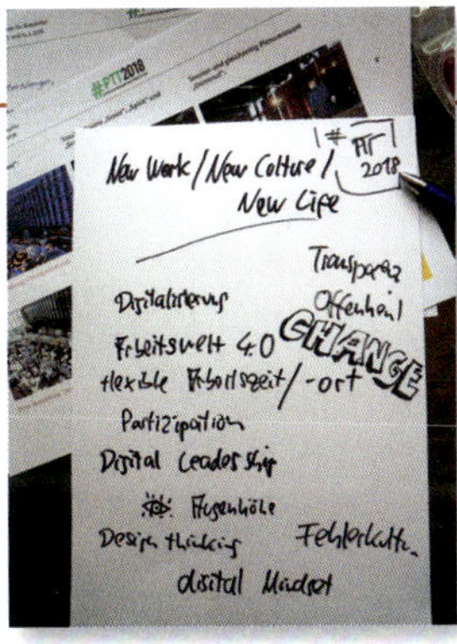

4. Brainstorming: Damit in der Veranstaltung nicht alles unter Zeitdruck entwickelt werden muss, werden erste Schlagworte und Bildideen vorab gesammelt.

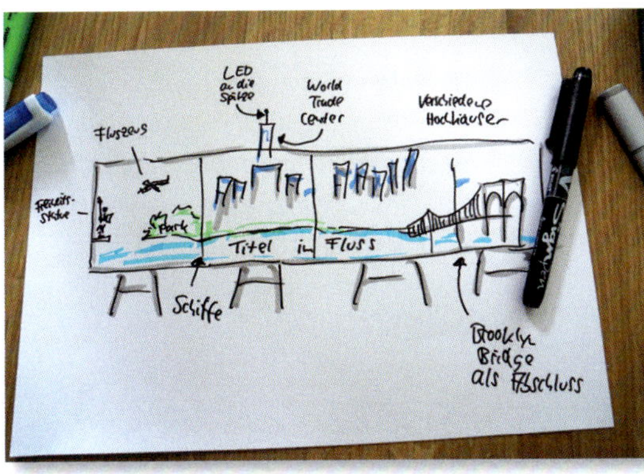

5. Komposition des Gesamtkonzepts: Das Gesamtmotiv/die Story wird kurz umrissen, denn hierauf basieren die Vorbereitungen und die Suche nach möglichen Einzelmotiven.

6. Üben: Passende Zeichnungen, die einen besonderen Schwierigkeitsgrad haben, wie hier z.B. die New Yorker Freiheitsstatue, werden vorher geübt.

7. Spickzettel vorbereiten: Stets griffbereit sind Klemmbrett und Post-its®, denn das Geschehen ist oft schneller als man zeichnen und mitdenken kann.

8. Arbeitsplatz einrichten: Im Hintergrund oder Randbereich des Veranstaltungsraums ist Platz für die Stellwand und Materialien des Graphic Recordings. Während des Vortrags liegt die Aufmerksamkeit vorne beim Speaker – in den Pausen und nach der Veranstaltung rückt das gezeichnete Ergebnis in den Blick.

9. Teamarbeit: Graphic Recorder sind häufig zu zweit oder zu dritt im Einsatz. Der komplexe Vorgang „zuhören + zusammenfassen + Notizen machen + Bilder zeichnen" konzentriert sich dann nicht auf eine einzelne Person.

10. Rollenverteilung: Nicht jeder muss beim Graphic Recording alles machen: Schneller geht's, wenn z.B. eine/r schreibt und ein/e andere/r zeichnet. Dadurch entfallen Schriftwechsel und ein einheitliches Bild entsteht.

11. Schrift zuerst: Graphic Recorder produzieren zwar große Bilder, doch bei genauem Hinsehen überwiegt in allen Motiven der geschriebene Anteil. Damit geschriebene Begriffe und zentrale Botschaften deutlich zu lesen sind, kommen sie zuerst auf das Papier.

12. Unverzichtbar sind Notizen auf Post-its®: Das Geschehen in einer Veranstaltung verläuft oft wellenartig: Mal passiert sehr viel und man weiß nicht, wie man alles behalten soll. Und dann gibt es entspanntere Phasen, in denen wir viel schreiben und zeichnen können. Die Lösung sind Post-its® für Notizen, die nach und nach abgearbeitet werden.

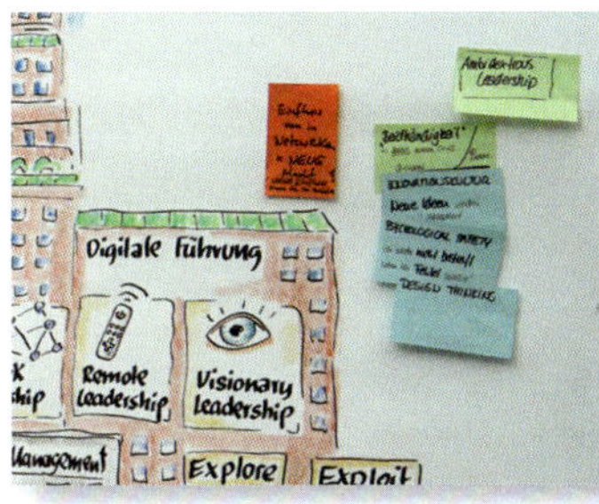

13. Kolorieren: „Wenn Zeit ist: färben!" Das Wichtigste ist, dass Schrift und Bilder festgehalten wurden. Für das Auftragen von Farbe bleibt immer irgendwo Zeit.

14. Vorbereitete Details entspannen: Nicht alles muss live entstehen. Bei dieser Preisverleihung wurde die Trophäe schon vor der Veranstaltung gezeichnet und mit dem Foto des Preisträgers versehen.

15. Finish: Aufmerksamkeit garantiert: Da, wo das Big Picture steht, treffen sich die TeilnehmerInnen!

Cubes

Pappkartons für 3D-Präsentationen und Installationen im Raum

WOW

In diesem Kapitel finden Sie:

Präsentationen, bei denen weiße Pappkartons das Ausgangsmaterial sind.

Handling- und Gestaltungstipps, um auf dem welligen Kartonmaterial eindrucksvolle Effekte zu erzeugen.

Und ...

zahlreiche Beispiele, die die vielfältigen Anwendungsmöglichkeiten der Inszenierung mit Cubes zeigen.

Kapitel V

Cubes und ihre Anwendungsmöglichkeiten

01

Einwellige Kartons sind leicht und vielseitig zu gestalten

02

Fertiges aufkleben und per Hand ergänzen

03

Mit Ausschnitten entstehen interessante Variationen

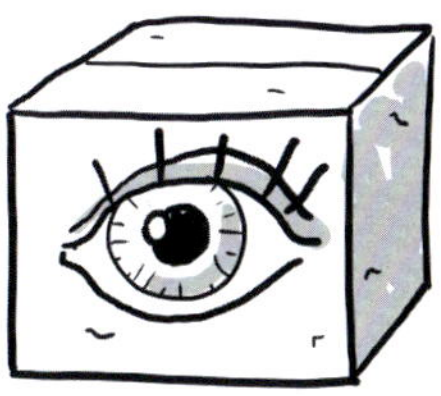

04

Pappkartons sind Eyecatcher und fesseln den Blick

05

In Moderationen mit Kartons arbeiten

06

Inszenierungen für größere Veranstaltungen

01

Einwellige Kartons sind leicht und vielseitig zu verarbeiten

Unglaublich vielseitig in der Gestaltung und im Einsatz sind Pappkartons. Schnell sind sie aufgebaut und geben Präsentationen eine eindrucksvolle und raumfüllende Größe.

Faltkartons aus Wellpappe gibt es in vielen Ausführungen zum Zusammenkleben oder -stecken.

Gemeinsam ist ihnen, dass sie leicht sind und sich gut stapeln lassen. Raumfüllende Installationen werden nicht zum Kraftakt.

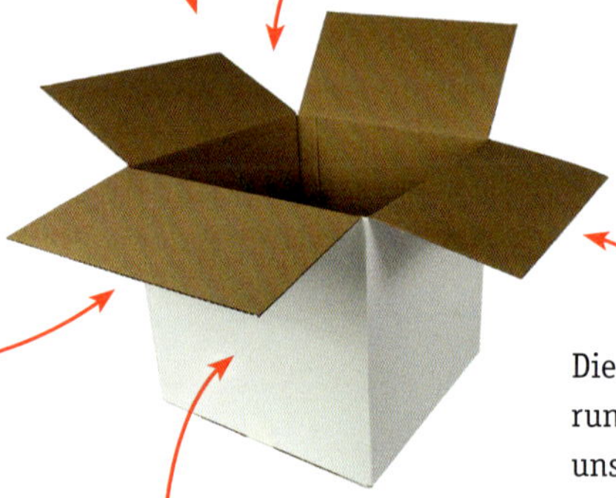

Anbieter gibt es viele – weil dies Industrieprodukte sind, muss man teilweise große Stückzahlen ordern. Eine gute Auswahl und überschaubare Bestellmengen findet man z.B. bei www.ratioform.de oder www.rajapack.de.

Meistens arbeiten wir auf weißen Kartons. Deren Flächen lassen sich genauso gut wie Papier bearbeiten.

Die einfachste Ausführung „einwellig" ist für uns genau das Richtige und zudem stets die kostengünstigste Variante.

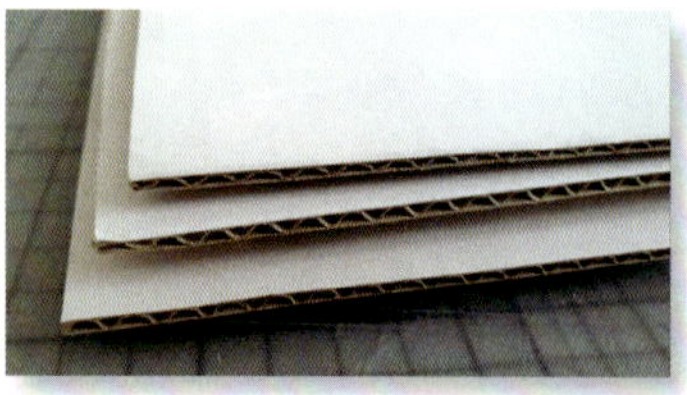

Die ganze Geschichte: Am Anfang stand einfach nur die Frage: Wie können wir bei größeren Veranstaltungen mit wenig Aufwand optisch Aufmerksamkeit erregen, ohne dafür Messebauer oder Grafiker zu bemühen? Gestaltete Pappkartons waren die simple Antwort und damit begann die Arbeit an vielseitigen Präsentationen, mit denen wir auch schon viele KollegInnen inspirieren konnten (Seite 195).

1. Je nach Präsentationsanlass den passenden Karton wählen

60 x 40 x 40 cm
Faltkarton einwellig
Verpackungseinheit 10 St.
Rajapack CAS 260

- Präsentationen und Moderation im großen Setting
- Wirkungsvoll für Rauminstallationen
- Leicht stapelbar zu Säulen bis auf 2,40 m Höhe
- Klebeband erforderlich

30 x 30 x 30 cm
Faltkarton einwellig
Verpackungseinheit 25 St.
Rajapack CAS 219

- Präsentationen auf Tischen im kleineren Setting
- Ansprechendes Würfelformat
- Gut in der Hand zu halten, um weitere beschriftete Seiten nach vorne zu drehen
- Klebeband erforderlich

30 x 21 x 15 cm
Stülpdeckelkarton weiß
Verpackungseinheit 25 St.
Rajapack BOC 44

- Präsentationen auf dem Boden, die nicht so viel Platz einnehmen sollen
- Nur die Vorder- und/oder Rückseite wird gestaltet
- Zusammenstecken ohne Klebeband

Nachhaltig

Im Laufe der Zeit finden ausrangierte Präsentationskartons ihr Zweitleben als Lagerkartons. Bewährt hat sich auch hier, dass wir das DIN-30-cm-Format selten überschreiten: Mit dieser Größe kommen die meisten Regalböden klar.

2. Kartons gestalten mit bewährten Materialien

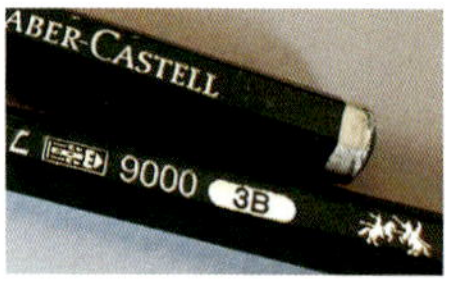

Beim Vorzeichnen mit Bleistift verwenden wir weiche Bleistifte („B“): Die Striche sind deutlicher sichtbar und man arbeitet mit weniger Druck auf der Papierschicht des Pappkartons – es entstehen keine Löcher.

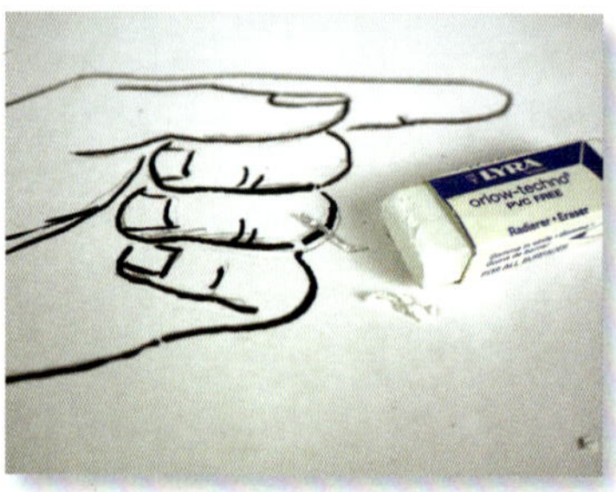

Auch beim Radierer lohnt der Griff zu einem hochwertigen Produkt. Beim Radieren immer daran denken: Die Betrachter schauen wahrscheinlich aus mehreren Metern Entfernung. Sie können also kleine Linien gar nicht erkennen.

Die schwarzen Moderationsmarker haften hervorragend auf weißem Karton …

… etwas ungewohnt ist hingegen das Färben mit den Wachsmalblöcken. Ein „Riffel-Effekt“ entsteht durch das wellige Kartonmaterial. Das irritiert anfangs, sieht aber auf Entfernung gar nicht schlecht aus.

3. Kartons werden mit passendem Klebeband verschlossen

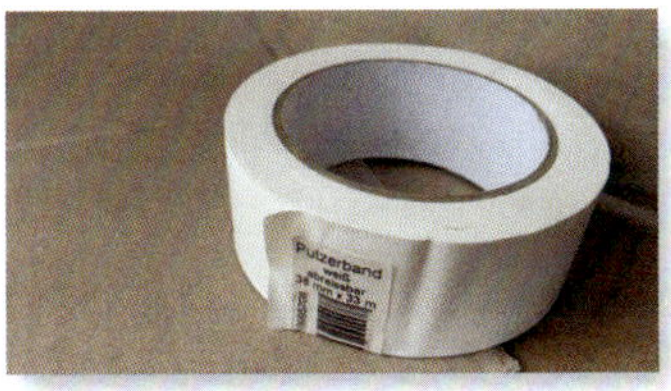

In Bau- und Heimwerkermärkten gibt es weißes Putzerband. Sowohl die glatte, als auch die geriffelte Variante funktionieren.

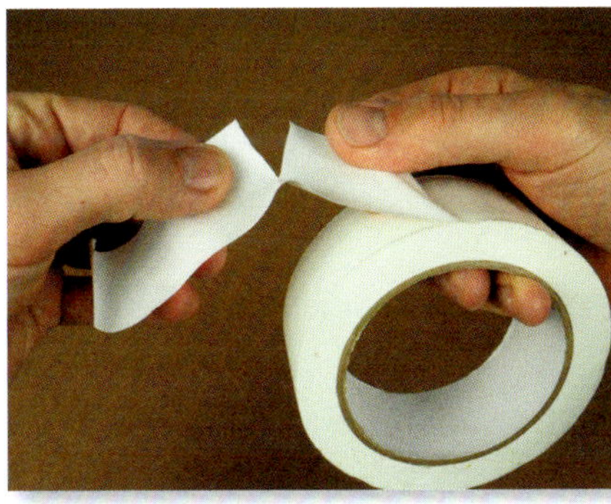

Einfach im Handling: Putzerband lässt sich ohne Schere abreißen.

Die Lücken werden nahezu unsichtbar verschlossen. Wenn Sie mit wenig Druck kleben, lässt sich das Putzerband hinterher ohne Rückstände entfernen.

Nicht alle, aber die meisten Moderationsmarker halten auf Putzerband. Vorher ausprobieren!

Alle gewohnten Farbeffekte mit Wachsmalblöcken funktionieren auch auf dem weißen Klebeband.

Bei Großveranstaltungen (Seite 192 ff.) sind oft ziemlich viele Kartons im Einsatz. Hier lohnt die Anschaffung eines Klebeband-Handabrollers für ein schnelleres Arbeiten.

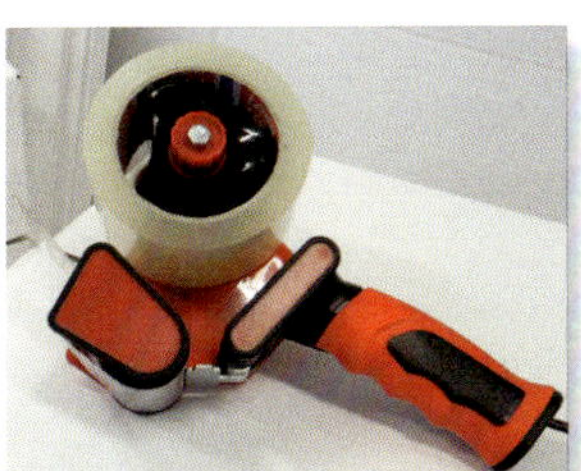

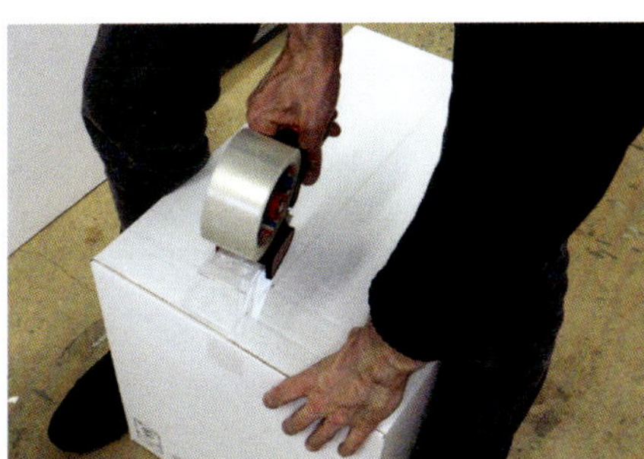

Eingeklemmt: Die ideale Haltung zum Zukleben der Kartons.

4. Variante: lösbare Verbindungen mit Klettband

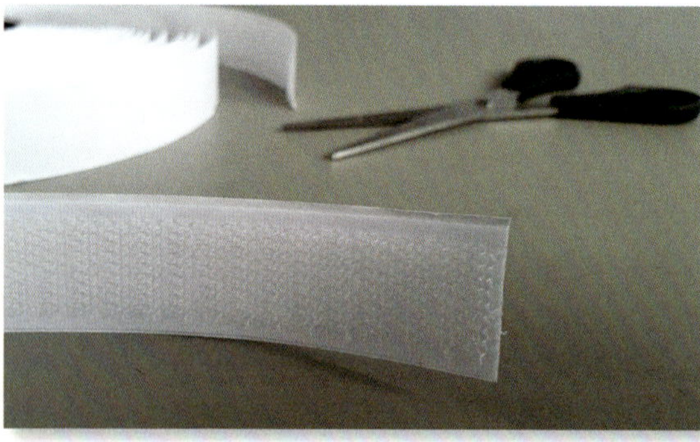

Klettband aus Bau- oder Hobbymärkten benutzen wir für Kartons, bei denen wir vorher schon wissen, dass wir sie häufiger in Präsentationen einsetzen werden. Wir kaufen selbstklebende Bänder direkt in der Farbe unserer Kartons (meistens weiß).

Die Kartonecken sind Schwachstellen in puncto Haltbarkeit.

Einwellige Kartons sind an ihren Ecken nicht belastbar. Sie stoßen schnell ab oder reißen aus.

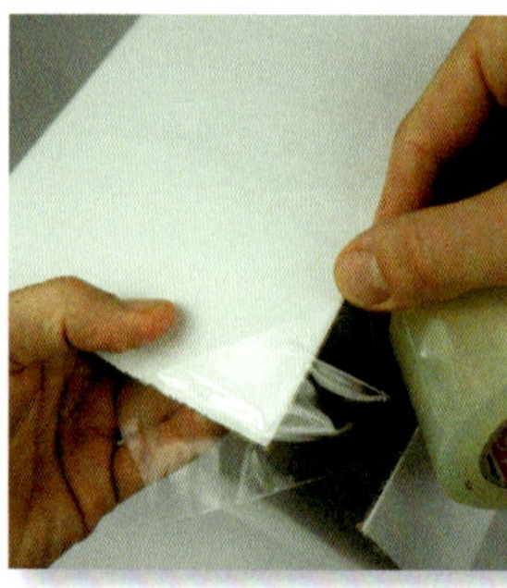

Mit breitem durchsichtigen Klebeband schützen wir diesen sensiblen Bereich.

Erst danach wird der Karton an den gewünschten Stellen mit Hakenband und gegenüberliegend mit dem passenden Flauschband beklebt.

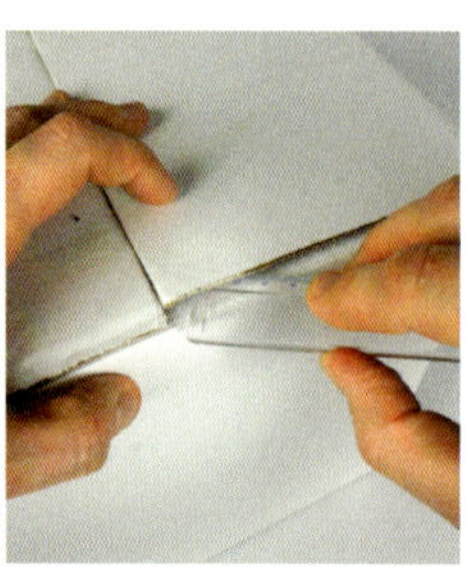

Lineal bereithalten

Klettband ist wirklich unglaublich haftstark. Das merkt man spätestens dann, wenn man die Kartons wieder auseinandernehmen will. Ideal zum Trennen der Bänder ist ein Lineal oder die stumpfe Seite einer Messerklinge.

5. Transport und Lagerung wollen durchdacht sein

Flach übereinander gestapelt nehmen die Kartons relativ wenig Platz weg. So werden sie angeliefert und so transportieren und lagern wir sie auch.

Benutztes Pinnwand-Papier haben wir nach Veranstaltungen häufig zur Hand. Einpacken, Klebeband drumherum und zum Schluss beschriften (weil man sonst nicht sieht, was drin ist).

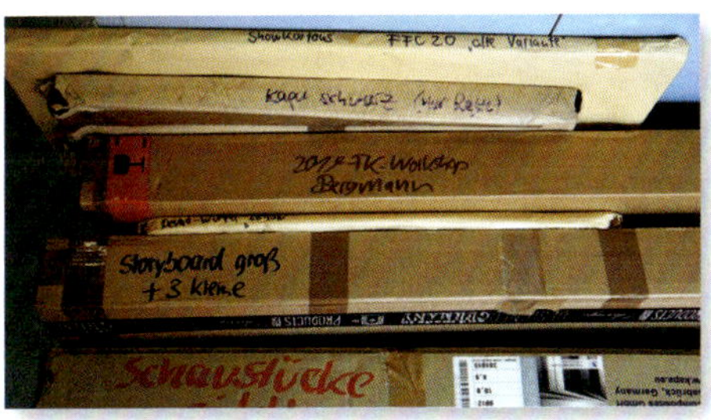

Wenn man erst einmal sensibilisiert ist, fällt einem auf, dass gelegentlich beim Möbel- oder Bilderkauf große flache Verpackungen übrigbleiben. Die kann man zusammen mit den Verpackungen aus Moderationspapier perfekt zur Lagerung nutzen.

Ein Transporter ist nicht erforderlich. Kartons im Format 60 x 40 cm (für große Präsentationen) passen locker in einen Kombi.

Kommt der Dienstwagen eher im Mini-Format daher, fertigen wir unsere Präsentation entsprechend kleiner an.

02

Fertiges aufkleben und per Hand ergänzen

Nicht alles will oder kann man immer per Hand direkt auf den Karton zeichnen. „Vorbereiten und aufkleben" ist eine oft gewählte Vorgehensweise.

Aufgeklebte Flächen ergänzen sich mit den handgeschriebenen Texten.

Auch zum Aufkleben ist es von Vorteil, wenn die Kartons weiß sind – die meisten Papiere sind das ja ebenfalls.

Bei drei Würfeln ergeben sich insgesamt zwölf Seiten, auf denen unterschiedliche Impulse gesetzt werden können.

So lieben wir es: Dieses Tagungshaus hat Stehtische. Darauf lässt sich der Turm mit seinen 90 cm Höhe eindrucksvoll platzieren.

Die ganze Geschichte: Von vornherein ist dieser Turm auf Mobilität ausgerichtet. Während der Präsentation sind stets andere Seiten zu sehen, die Kartons werden wieder weggenommen oder der Turm wird umgestellt. Die digital gezeichneten Logos (siehe Punkt 2 dieses Kapitels) nutzen wir zudem in der dazugehörigen PowerPoint-Präsentation.

1. Dünne schwarze Außenlinien sind ein Muss bei geklebten Elementen

Ohne schwarze Linie

Beim Aufkleber mit dem Firmenlogo fallen die exakten Schnittkanten auf. Der Farbverlauf im Hintergrund wirkt blasser.

Mit schwarzer Linie

Alles wirkt intensiver, wenn eine dünne schwarze Linie begleitend am Rand und rund um das Logo gezogen wird.

Nie ohne Linie ... Die auf gelbem Papier ausgedruckte Leitfrage dieses Moderationswürfels wird aufgeklebt und mit schnellem Strich an unseren Look angepasst.

Genauso gehen wir vor, wenn wir die Kartons mit großen Formaten bekleben (hier: DIN-A2) – handgezogene Rahmenlinie muss sein!

Handschrift aus dem Rechner

Gerade bei den ausgedruckten und aufgeklebten Elementen kommt bei uns häufig Schreibschrift digital zum Einsatz (s.o.). Nicht jede wirkt kräftig genug. Im Downloadbereich finden Sie deshalb ein Dokument mit empfehlenswerten Schreibschriften.

Digitale Schriften

Abcdefg hijklmn opqrst uvwxyz	**Neuland Moderationsschrift** Kostenfrei für privaten und professionellen Gebrauch
Abcdefg hijklmn opqrstu vwxyz	**Marking Pen** Kostenfrei, Lizenz unbekannt
Abcdef ghijklm nopqrst uvwxyz	**Marker Felt** Kostenfrei
Abcdefg hijklmn opqrst	**Budidaya** Kostenfrei für privaten Gebrauch

2. Aufgeklebte Elemente können auch gut digital vorbereitet sein

Die Vorbereitung eines Motivs auf dem Tablet oder Rechner vereinfacht unsere Arbeit in zwei wesentlichen Punkten: 1. Schreib- oder Zeichenfehler lassen sich leicht korrigieren und 2. die Größenverhältnisse und Positionen können verändert werden. Viele Bildelemente, die kleiner sind als DIN-A4, bereiten wir vor.

1 Auf dem Tablet zeichnen: Jedes Tablet bietet die Möglichkeit, Zeichnungen in Schwarz-Weiß zu erstellen. Mehr brauchen wir meistens nicht, denn die Farbe kommt nach dem Ausdruck hinzu. Hier: Apple Pencil auf iPad Pro im Programm Procreate.

2 Speichern und die Größe im Rechner anpassen: Vor dem Druck geht es an den Rechner. Die Motive liegen übersichtlich nebeneinander und können auch noch in ihrer Größe zueinander angepasst werden – und finden dort natürlich auch ihren Speicherort.

3 Drucken 4 Ausschneiden 5 Kleben: Die zu montierenden Teile legen wir meistens so an, dass sie nicht größer als DIN-A4 sind. Das schafft der eigene Drucker und es muss nicht woanders produziert werden.

6 Kolorieren: Gefärbt wird immer erst nach dem Montieren. So bekommt auch der Aufkleber den Riffel-Look.

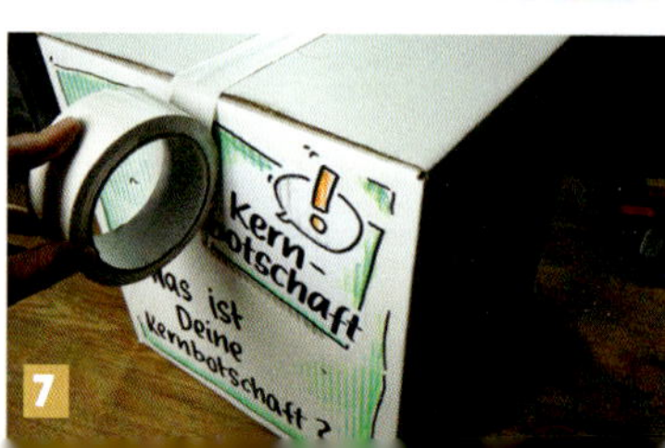

7 Zusammenkleben …

3. „Alles" lässt sich auf Kartons montieren

Fotos und Originale: Will man Persönlichkeiten in die Präsentation integrieren, arbeitet man am liebsten mit den Originalcharakteren, denn Zeichnungen treffen es nicht. Auch Details wie die Weltkugel oder Flaggen wirken als Ausdruck manchmal besser. Eine Arbeit von Roswitha Sanders.

Firmenlogo: Für ein Firmenlogo, das ja dem Original gleichen soll, braucht es oft mehrere Anläufe und eine ruhige Hand. Deshalb wurden diese beiden Schilder auf Kartonresten (wegen des Riffel-Looks) vorbereitet und erst danach montiert.

Informationen zum Auswechseln: Das gleiche Modell, aber stets neue Zusammenhänge. Die Aufkleber machen es möglich.

03

Mit Ausschnitten entstehen interessante Variationen

Ausschnitte setzen einen optischen Akzent und verstärken die Botschaft der bildlichen Darstellung.

Zwei Kartons hoch ist dieser Wolkenkratzer. Der oben gesetzte Ausschnitt verstärkt die Höhe.

Der rechts eingeplante Ausschnitt führt den Blick des Betrachters.

Ein Ausschnitt mit Funktion: Der Tunnel ist nicht aufgemalt, vielmehr verbirgt sich, für alle ersichtlich, darin etwas. Das macht neugierig und baut Spannung auf.

Zwei Ausschnitte gehen natürlich auch. Wichtig: ausreichend Abstand zu den seitlichen Rändern halten (siehe dazugehörigen Tipp auf der rechten Seite).

1. Kartons gestalten mit bewährten Materialien

1

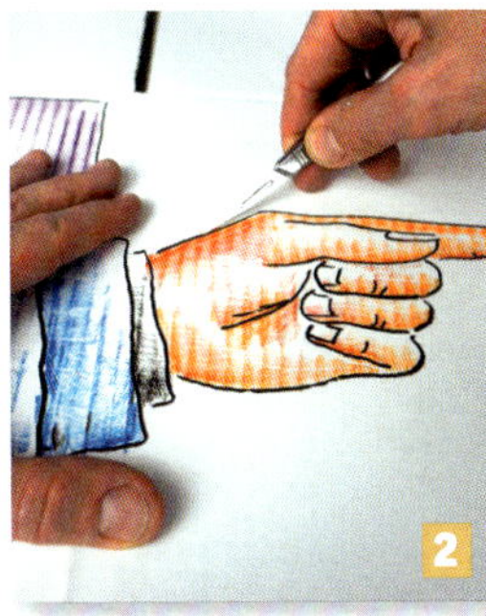

2

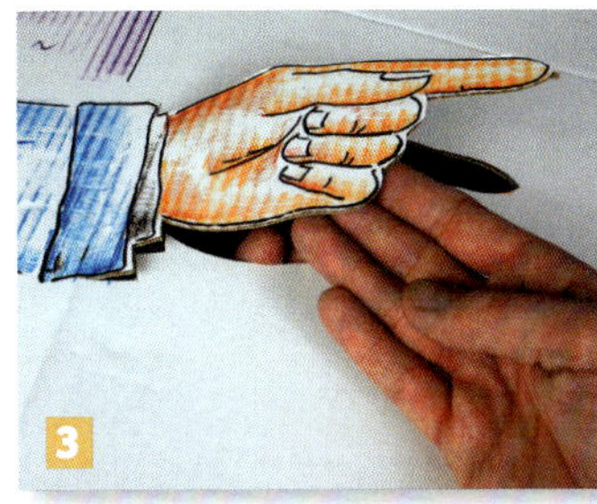

3

4

1 Schneidematte unterlegen: Bevor es losgeht, schieben wir eine Schneidematte in den Karton. Das macht vor allen Dingen dann Sinn, wenn wir die anderen Seiten des Kartons ebenfalls gestalten wollen und nicht möchten, dass sie beschädigt werden.

2 Ausschneiden: Wie beim Zuschneiden der Foambords (Seite 97) ist auch hier das Skalpell die ideale Schneidehilfe.

3 Herauslösen: Immer ein sensibler Moment: das Herauslösen der ausgeschnittenen Form. Einfacher geht's, wenn man das Motiv vorne festhält und den Karton nach hinten wegklappt.

4 Freistehend platzieren: Das fertige Objekt fällt immer auf. Unproblematisch ist auch der Transport: Der Ausschnitt wird einfach wieder zurückgeklappt.

Auf Abstand zur Ecke achten

Der Ausschnitt dieses Wegweisers befindet sich ganz in der Nähe einer Kartonecke. Das wird schon nach kurzer Zeit ausreißen! Stabil bleibt es, wenn es zu den Ecken einen Abstand von mindestens drei Zentimetern gibt.

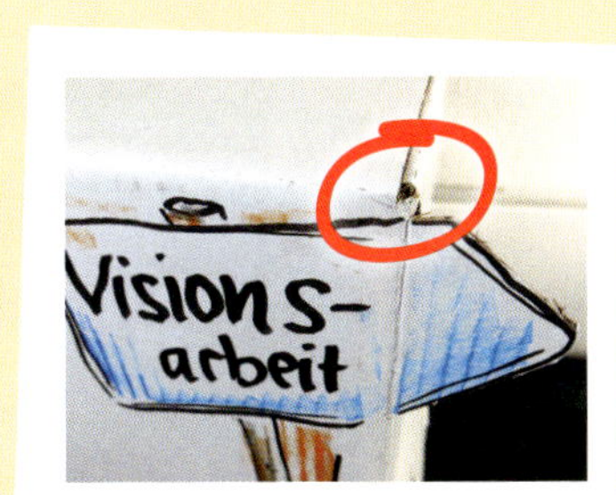

2. Wegweiser aller Art sind „Ausschnitt-Klassiker“

Im Eingangsbereich eines etwas unübersichtlichen Tagungshauses braucht es Orientierung: Aus dem Karton wurde ein Wegweiser herausgearbeitet, der an zwei Seiten über den Ursprungskarton hinausragt.

Diese Kartons besitzen ebenfalls jeweils mehrere Ausschnitte. Weil die Produktion zu aufwendig für einen nur einmaligen Einsatz ist, gestalten wir sie oft mit neutralen Aussagen. Je nach Situation kleben wir Hinweise auf, wie z.B. den Aufkleber „Raum 102“ als Information zum aktuellen Raum. Auch „Rückblick/Ausblick“ sind Themen, mit denen wir immer wieder arbeiten. Der Karton lohnt.

3. Ausschnitte für Interaktion nutzen

Teilaspekte der Reihe nach abarbeiten: Der/die Präsentierende macht's spannend: Auf den Displays (Seite 66 ff.) befinden sich die relevanten Aussagen zum Thema. Sie werden in der Gruppe verteilt und bearbeitet.

Feedback einholen: Michael Haidinger, Referent eines Workshops beim Oberösterreichischen Roten Kreuz, holt sich mit großen Holzperlen Rückmeldungen zum Workshop ab.

Fragen zur Prüfungsvorbereitung: „Ins Dunkle greifen" dürfen die Teilnehmenden im Fahrschulunterricht. Dieser Karton ist randvoll mit gerollten Fragebögen zur Vorbereitung auf die Führerscheinprüfung.

04

Pappkartons sind Eyecatcher und fesseln den Blick

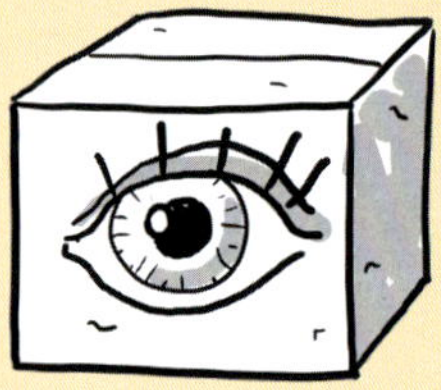

Pappkartons sind in einem Veranstaltungsraum per se ein Hingucker. Man erwartet sie nicht unbedingt in einem Trainings- oder Kongress-Setting. Das Interesse wird sofort geweckt. Und gleichzeitig eine Vermutung ausgelöst: Damit passiert noch was …

Der Briefkasten besteht aus zwei Kartons 60 x 40 cm. Der obere nimmt die Postkarten auf. Der untere wird für die erforderliche Höhe benötigt.

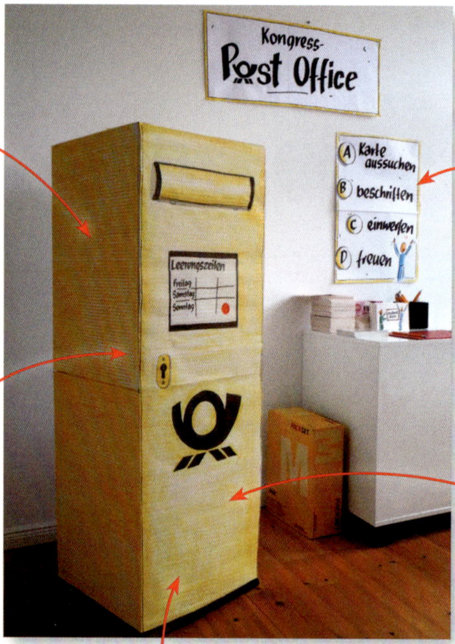

Das Anleitungsplakat und die zu verschickenden Postkarten liegen griffbereit. Beides zusammen erklärt das Kongress-Post-Office von selbst.

Die gesamte Vorderfront ist mit einem Bogen weißem Pinnwand-Papier bespannt, auf welches das Motiv gezeichnet wurde.

Stauraum gewünscht? Schon oft dienten uns die Kartons in Veranstaltungen als Staufach: Taschen, Jacken, Broschüren – alles verschwindet unkompliziert.

Zum Kolorieren mit den Wachsmalblöcken wurde das Papier auf den Kartons befestigt: Die Riffel-Optik war uns wichtig.

Die ganze Geschichte: Beim Trainer|Kongress|Berlin durften die Teilnehmenden Gruß- und Feedback-Karten schreiben, die nach dem Kongress an die adressierten Personen verschickt wurden. Der Briefkasten bildet als Eyecatcher den passenden Rahmen für diese Aktion. „Eine einfache Box" hätte es auch getan – der Briefkasten aus Karton verschafft der Aktion jedoch eine ganz andere Wertigkeit.

Der Briefkasten: Alle erforderlichen Hilfsmittel sind unkompliziert zu beschaffen

Schrauben und Unterlegscheiben: Mehrfach (z.B. auf S. 191 oder S. 193) zeigen wir Gebilde aus Kartons, die stabil stehen und während der Veranstaltung nicht bewegt werden sollen. In der Regel sind sie miteinander verschraubt.

Vier Schlossschrauben mit jeweils zwei passenden Unterlegscheiben fixieren die beiden Kartons.

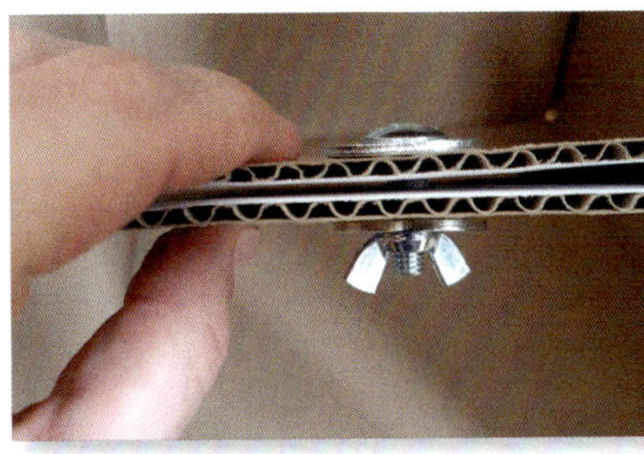

Warum nicht die Kartons aneinanderkleben? Verschraubte Kartons sind stabiler. Gerade in Veranstaltungen passiert es schon mal, dass jemand gegen das Objekt stößt. Ein zweiter Grund: Sie lassen sich hinterher leicht und ohne Beschädigung auseinandernehmen.

Getränkekasten: An nahezu jedem Veranstaltungsort finden sich Getränkekästen. Das Gewicht eines gefüllten Kastens ist absolut ausreichend für einen sicheren Stand.

Klebeband: Ein möglichst breites Textilklebeband hält die Abdeckklappe des Briefeinwurfs. So lässt sich die Klappe leicht bewegen und simuliert unkompliziert das Original.

Gestaltung und Platzierung machen Kartons zum Eyecatcher

Das Arbeiten mit Pappkartons ist nicht immer gleich. Durch die Anzahl der Kartons, unterschiedliche Größen und wechselnde Anordnungen in der Präsentation ergeben sich immer neue Varianten.

Start mit umgedrehten Kartons ...

1 So schaut es meistens aus zu Beginn einer Präsentation: Die Kartons zeigen ihre freien Seiten – evtl. ist schon ein einzelner umgedreht, um ein wenig Spannung aufzubauen.

2 ... so kann es dann am Ende der Präsentation aussehen.

Auf einem Tisch platziert, ...

auf dem Boden aufgestellt, ...

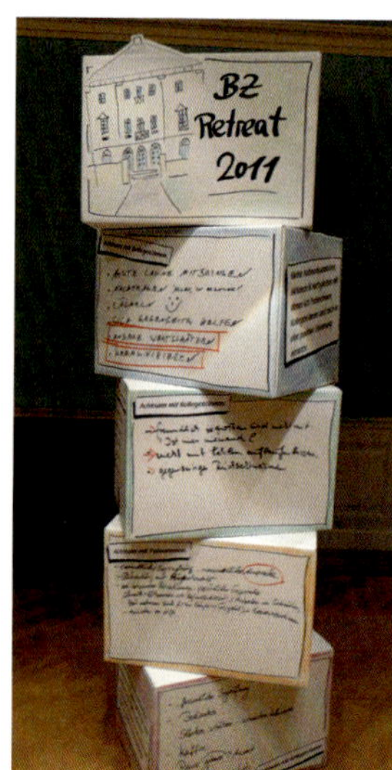

... als „Ergebnis-Säule" zum Betrachten von allen Seiten.

Effektvolle Auftritte durch die Kombination mit anderen Materialien oder Schaustücken

Aufbauten aus Pappkartons dienen uns oft als Träger für Schriftzüge oder Objekte, die im Verlauf der Präsentation eine Rolle spielen sollen.

Schriftzug zum Entfernen: Mit ein paar längeren Nadeln (Seite 111) hält der Schriftzug aus 5 mm Foamboard auf diesem Kistenstapel. Im Laufe der Präsentation wird er abgenommen und die Kartons umgedreht.

Schrift und Deko werden ergänzt: Das umgekehrte Vorgehen – Karton für Karton entwickelte sich diese Torte vor den Augen des Publikums und erst ganz zum Schluss wurden die blaue Schrift und die Kerzen montiert. Alle Deko-Elemente fertigten wir aus 3 mm Foamboard.

Original-Objekte anhängen: Leichte Schaustücke, wie hier die Handschuhe und Sicherheitshinweise, lassen sich gut mit Nadeln an den Kartons fixieren und zum Vorzeigen abnehmen.

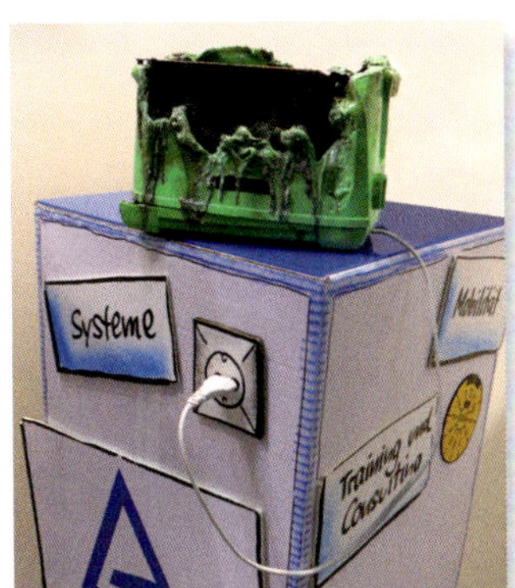

Größere Objekte platzieren: Kartons sind ideal, um schwere Objekte auf ihnen zu platzieren. Für die schönere Optik liegt hier noch eine farbige Platte aus Plexiglas auf dem Pappkarton.

05

In Moderationen mit Kartons arbeiten

In Veranstaltungen mit Moderationsphasen wird in der Regel mit Flipchart und Pinnwänden gearbeitet, auf denen die TeilnehmerInnen ihre Ergebnisse erarbeiten. Der Pappkarton kann eine interessante und praktische Medien-Alternative sein. Und: Als Moderationstool ist er überwiegend unbekannt, und das verbreitet immer einen gewissen Charme.

Treffpunkt Pappkarton: Vier bis fünf TeilnehmerInnen können bequem drumherum sitzen und daran arbeiten.

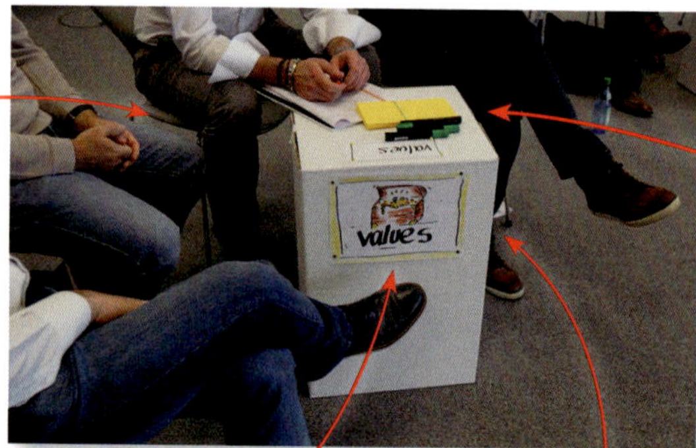

Hier dient der Karton in erster Linie als Materialpool und als Unterlage zum Beschriften der Karten.

Der Themenbereich, an dem gearbeitet wird, ist als Schild vorne groß angebracht. Das hilft bei der Gruppeneinteilung und gibt dem/der ModeratorIn eine rasche Übersicht, wer mit was beschäftigt ist.

Die Beschriftung des Kartons ist nur auf dem Papierbogen angepinnt. Im Verlauf der Veranstaltung wechseln die Themenbereiche und Teamzusammensetzungen. Schnell sind auch die Pappkartons angepasst und umdekoriert.

Die ganze Geschichte: In diesem Setting ging es in erster Linie um Flexibilität. Im Laufe des Tages musste die Sitzordnung und die Zusammenstellung der Gruppen mehrfach angepasst werden. Pappkartons lassen sich leichter bewegen als Tische und wirken nicht so statisch.

Kartons bieten Platz zum Schreiben

Die Formate der Pappkartons bieten großzügige Schreibflächen: Je Seite kann eine Leitfrage definiert werden, an der die Gruppe arbeitet.

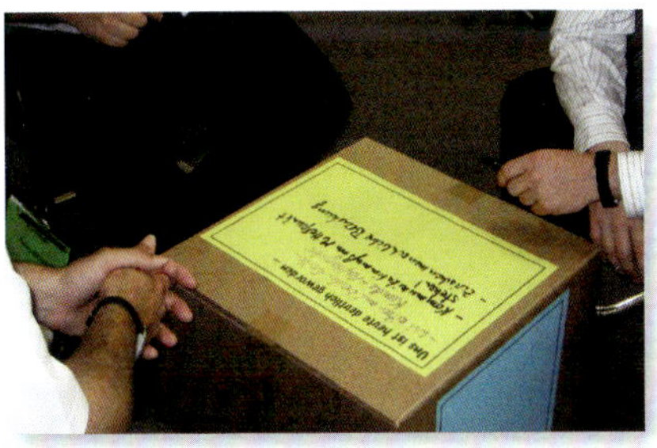

Flächen aufkleben: Farbige Flächen im Format DIN-A3 sind ein begrenzter Raum für Antworten – wenn Fragen eher enger formuliert sind oder man in der Moderation nicht zu viele Antworten haben will.

Frage bzw. Überschrift aufkleben: Wenn die Arbeitsgruppen den vollen Platz zur Entfaltung benötigen, bereiten wir nur die Leitfragen als Aufkleber vor. Dazu gibt es einen farblich passenden Rahmen. Als ModeratorIn behalten Sie so auch gut die Übersicht, wer gerade an welchem Thema arbeitet.

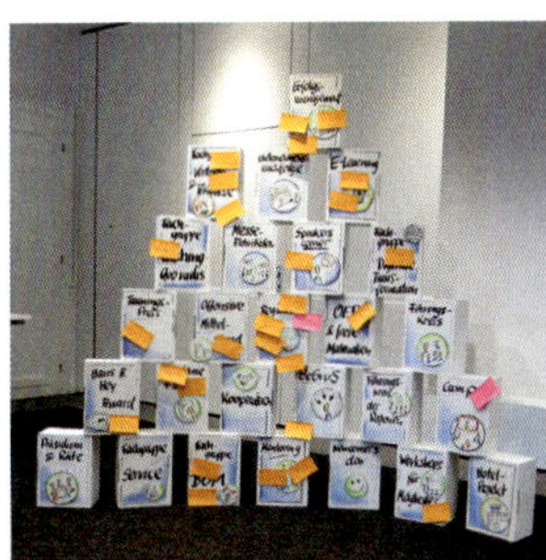

Post-its® aufkleben: Hier wurde zuerst präsentiert und die Kartonwand aufgebaut. Im zweiten Schritt kamen die handgeschriebenen Kommentare der Teilnehmenden auf Haftnotizen hinzu.

Kartons zum Zusammenstecken: Die oben gezeigte Präsentation ist häufig im Einsatz: Ausgangsmaterial sind deshalb Pappkartons mit Laschen zum einfachen Zusammenstecken im Format DIN-A4.

Whiteboard-Folie ermöglicht Varianten für agile Settings

Mit der passenden Folie wird aus einem Karton ein mehrseitiges Whiteboard.

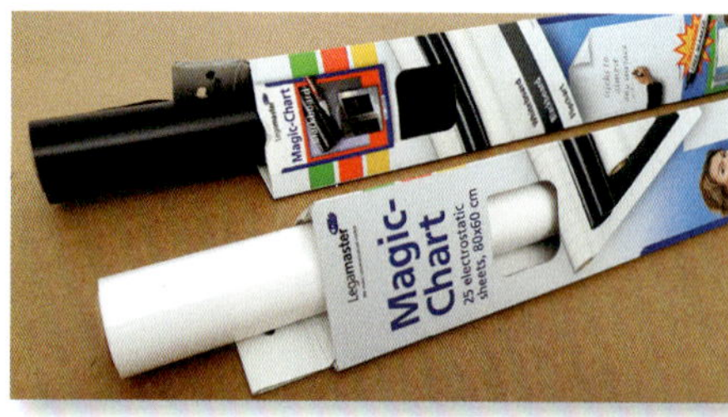

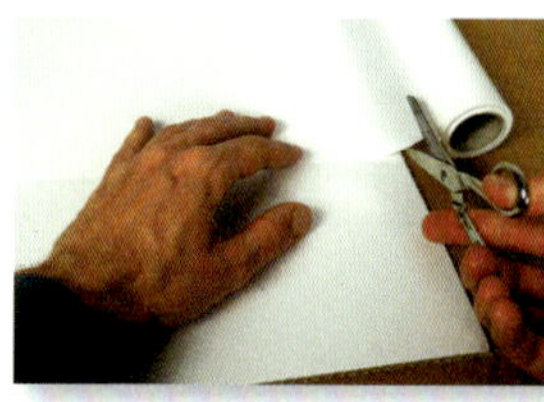

Auf die Seitengröße zuschneiden …

… und lediglich an den Ecken mit etwas ablösbarem Kleber fixieren.

Die Auswahl an geeigneten farbigen Whiteboard-Stiften nimmt beständig zu. Sehr gut: Stifte mit Keilspitze von www.neuland.com. Für schwarze Folien ist der robusteste Stift der edding 725 von www.edding.com.

Diese beiden Kartons unterstützen in der Dokumentation eines Barcamps. Das Grundschema wurde von uns vorbereitet (Prockey-Marker + Wachsmalblöcke) und ist unveränderlich. In den eigentlichen Sessions arbeiten die TeilnehmerInnen dann mit den abwischbaren Boardmarkern.

Dynamik als Grundprinzip in der Moderation

Veranstaltungen mit Workshop-Charakter sind auf die Interaktion ausgerichtet und sollen von den TeilnehmerInnen aktiv mitgestaltet werden. Um diese Flexibilität zu unterstreichen und um ein verändertes Raumgefühl zu geben, wurde hier das ganze Setting mit Pappkartons gestaltet.

Säulen zum Anpinnen von Moderationskarten: Die TeilnehmerInnen wandeln hier zwischen den thematischen Säulen, diskutieren und platzieren ihre Kommentare auf Moderationskarten. Für die Ergebnispräsentation werden die Säulen dann wieder nebeneinander positioniert. Ein Projekt von Nicole Kloppenburg und Stephan Gingter.

Sitzen auf Kartons: Schnell zusammenzufalten und robust im Einsatz sind Sitzkartons aus weißer Pappe. Sie sind bis zu 200 kg belastbar. Und der Clou: Auch ihre Flächen könnten gestaltet werden ... (z.B. bei www.eventdekoration.eu).

06

Inszenierungen für größere Veranstaltungen

Große Räume bieten Platz in der Höhe und der Fläche. Mit Karton-Präsentationen können wir diese Dimensionen einfach nutzen. Unkompliziert formieren wir sie zu „Säulen" oder „Bergen", die wir dann während der Präsentation durch Umdrehen oder Umbauen verändern.

Einzelne Kartons sind noch nicht umgedreht – hier verbirgt sich noch etwas.

Braune Kartons geben einen guten Kontrast bei aufgeklebten farbigen Flächen.

Der/die Präsentierende hat das Timing in der Hand. Die Schlagworte des/der Vortragenden werden nach und nach dann sichtbar, wenn sie gebraucht werden.

Präsentationswürfel für Bühnensituationen gestalten wir meist nur einseitig. Anfangs sind die freien Seiten zu sehen.

Große Räume brauchen große Schriften: Das gelingt mit ausgedruckten Schriftfeldern (hier: Schrift Marking Pen) manchmal besser. Weitere Schriftempfehlungen im Download und auf S. 177.

Die ganze Geschichte: Unsere Pappkartons haben Bühnenerfahrung und sind geduldige Fotomodelle. Wenn wir damit bei Veranstaltungen auftauchen, produzieren wir immer ein besonderes Fotomotiv. Ein anfänglich störender Nebeneffekt hat sich inzwischen zu einem zentralen Punkt entwickelt: Die unhandlichen Pappkartons lassen sich nicht so schnell wegräumen und finden häufig einen Platz am Bühnenrand. Die anderen PräsentatorInnen und Themen verschwinden nach ihrem Auftritt aus dem Blick – unsere Kartons bleiben präsent …

Unterschiedliche Formen der Karton-Inszenierungen für verschiedene Settings

Agenda-Säule: Bei Großveranstaltungen brauchen die TeilnehmerInnen Übersicht und Orientierung. Der Ablaufplan in Säulenform gibt beides.

Eingangstor: In einem unübersichtlichen Hotelarreal ist dieses Karton-Ensemble zum eindeutigen Treffpunkt geworden. Die Kartons sind miteinander verschraubt (Details Seite 185). In den unteren Kartons stehen Wasserkästen als Gewichte.

Sichtbarkeit über die Köpfe hinweg: Mit übereinander gestapelten Kartons schafft man es, ohne weitere Hilfsmittel an Höhe und damit an Aufmerksamkeit zu gewinnen.

Fakten darstellen: Während der PowerPoint-Präsentation sind die Fakten „einfach an den TeilnehmerInnen vorbei gerauscht“. Anschließend und parallel zum Geschehen werden sie im Networking-Bereich noch einmal als Kartonwand ausgestellt. Ein Projekt von Christine Balkenhol.

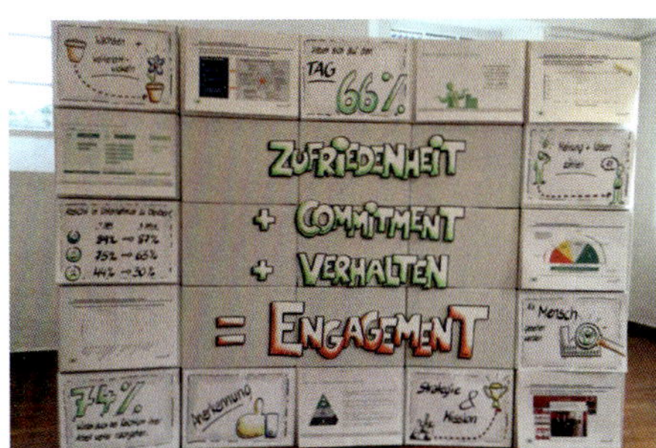

Den großen Raum gliedern

Für diesen Open-Space-Workshop mit mehr als 100 TeilnehmerInnen stand eine Stadthalle zur Verfügung. Mit Karton-Säulen wurden die notwendigen Orientierungspunkte geschaffen: Agenda, Inhalte der Veranstaltung und die Treffpunkte der Arbeitsgruppen. Auch die Ergebnisse aus den Workshop-Runden wurden direkt auf den Kartons notiert.

Bühnenfüllend präsentieren: Anna Langheiter nutzt die gesamte Bühnenbreite für ihr Arbeiten mit Kartons: Nach und nach erscheinen die relevanten Schlagworte.

Handmade-Outline-Schrift in „big": Mit den Buchstaben unserer Outline-Schrift (im Download ⬇) hat Jonas Leinmann die Kartons seiner Kick-off-Präsentation in Szene gesetzt.

Kartonwand als Kulisse: Beim Trainer|Kongress|Berlin präsentiert Gert Schilling vor einem Hintergrund aus 16 beklebten Kartons. Für den spektakulären Bildwechsel steht das Helferteam bereit, nimmt die Wand auseinander und puzzelt die Kartons zu einem neuen Motiv zusammen. So sind insgesamt vier verschiedene Großmotive möglich.

Bordmittel statt Großdruck: Im Detail nicht zu erkennen: Das Gesamtmotiv entstand nicht durch den Druck mit einem Plotter, sondern aus vielen kleinen Ausdrucken im Format DIN-A4.

Bevor es endet ...

Behalten Sie stets die Basics im Blick!

Visualisierungskenner und -könner werden es natürlich bemerkt haben: Alle Präsentationsideen in diesem Buch beruhen auf den immer gleichen Visualisierungsprinzipien. Beachten Sie diese Grundsätze beim Arbeiten mit Stift und Wachsmalfarben, erzielen Sie fast zwangsläufig professionelle und ansprechende Ergebnisse. Und da wir als Autoren Wert darauf legen, Wichtiges nicht ungesagt zu lassen, folgt an dieser Stelle noch einmal eine komprimierte Zusammenfassung der zentralen Visualisierungsprinzipien:

Schrift dick – Zeichnung dünn

Das Auge fokussiert dicke Stricke stärker als dünne. Die Strichstärke für die Schrift sollte darum dicker sein als die Strichstärke der Zeichnung – nur so fällt der Fokus des Betrachters direkt auf die Schrift. Hierfür verwenden wir Marker mit Keilspitze.

Schrift zuerst!

Bei Wort-Bild-Kombinationen beginnen Sie immer zuerst mit der Schrift. Danach ergänzen Sie die Zeichnung. Beim Wegweiser (Abb. rechts) hat die Schrift dadurch ausreichend Platz erhalten. Umgekehrt (Wegweiser zuerst) wäre es wahrscheinlich eng geworden.

Mut zur Lücke

Wir unterbrechen und lassen Lücken, ...

- wenn die Linien von Kästen sich berühren,
- wenn gezeichnete Symbole herausragen,
- gelegentlich an den Ecken.

Mit Unterbrechungen und einer dünnen Linienführung (s.o.) wirken Rahmen nicht wuchtig und dominant.

Farbe küsst Linie

Eine einfache Regel für das Färben mit den Wachsmalblöcken: Tragen Sie die Farbe zur schwarzen Linie hin satter und stärker auf – die Farbe „küsst" somit die Linie.

Wenig Farbe – viel Wirkung

Färben Sie die Motive nicht gleichmäßig und ganz. Die Farbe sollte an einer Seite kräftiger sein. Lassen Sie genügend Weißflächen stehen. Das erzeugt Dreidimensionalität, wie hier bei unserem Schriftzug „WOW" deutlich zu sehen ist.

Auch die Schrift im Schild ist deshalb gut zu erkennen, weil wir nur die Ränder gefärbt haben. Die Mitte bleibt frei. Weniger ist mehr – das trifft vor allem für die Kolorierung mit Wachsmalblöcken zu.

Erst grübeln, dann dübeln

Bevor Sie mit dem Zeichnen komplexer Motive beginnen, überlegen Sie sich: Was liegt im Vordergrund und was dahinter? Greifen Sie erst dann zum Stift!

Beginnen Sie mit dem Element im Vordergrund (die beiden Figuren) und arbeiten Sie Ebene für Ebene (Tisch/weitere Figuren) nach hinten weiter. Eine Skizze vorab oder das Vorzeichnen mit dem Bleistift kann helfen, den Bildaufbau richtig hinzubekommen.

Wer zu diesen Zeichentipps noch tiefer einsteigen möchte, dem empfehlen wir unser Buch „Der Flipchart-Coach". Hier werden die Prinzipien detailliert beschrieben und mit vielen Fotos anschaulich vorgestellt und erklärt.

Wir danken den vielen begeisterten **Workshopteilnehmerinnen und Workshopteilnehmern** – mittlerweile dürfte es eine fünfstellige Zahl sein –, die uns mit ihrem positiven Feedback und Wissensdurst anspornen, immer wieder neue Bücher zu schreiben. Ohne euch wäre dieses Buch nie entstanden!

Ein großer Dank geht an **Julia Pieper**, die maßgeblich an diesem Buch beteiligt war. Dank ihrer raffinierten und geschickten Bildbearbeitungskünste konnte so manches Foto aus der Praxis überhaupt erst verwendet werden, ohne beim Lektor durchzufallen. Sie hat uns zusätzlich an vielen weiteren Stellen tatkräftig unterstützt: als Fotomodell, bei der Gestaltung von Motiven und digitalen Zeichnungen, bei der Ideenfindung und nicht zuletzt beim Korrekturlesen. Danke Julia!

Danke **Katharina Kendziora** und **Bernd Bak**, die als hauptamtlich Dozierende am Studieninstitut für kommunale Verwaltung Emscher-Lippe in Dorsten tätig sind und uns nicht nur tolle Ideen, sondern auch Fotos zur Verfügung gestellt haben. Sie wenden viele der im Buch vorgestellten Materialien und Techniken schon in der Lehre erfolgreich an und schaffen es somit, vermeintlich trockene Themen durch kreative Methoden anschaulich und interessant zu vermitteln. So funktioniert guter Unterricht heute!

Ein weiterer Dank geht an die **Arbeitsgruppe Obstgehölzpflege des Pomologen-Vereins e.V.** Vor Erstellung dieses Buches wussten wir noch gar nicht, dass es diesen Begriff, geschweige denn einen Verein dazu überhaupt gibt! Man lernt nie aus :)

Jedes Fotomotiv ist nur so graziös und elegant wie das dazugehörige (Hand-)Model. Zupackend, mit viel Fingerspitzengefühl und ruhiger Hand sind uns **Daniela Weiger, Jann Jacobsen, Jonas Leimann** und **Lina Rachow** zur Hand gegangen. Danke, dass ihr nicht müde wurdet, immer wieder eure Hände vor unsere Kamera zu halten.

Auf verschiedenen Veranstaltungen in Deutschland, Österreich und der Schweiz sind professionelle Fotografen im Einsatz gewesen. Genannt seien hier **Lucas Heinz** (www.lucasheinz.com) im Auftrag von managerSeminare, **Wilfried Hiegemann** (www.fotoideen.com) im Auftrag des BDVT, **Werner Assanger** für das Oberösterreichische Rote Kreuz (www.roteskreuz.at/ooe), der unermüdliche **Thomi Studhalter** (www.studhalter.org) im Auftrag von Conny Schwegler und dem Neuland-Team CH und **Martin Dietrich** (www.augenblickbewahrer.com). Sie alle waren für uns immer wieder im Einsatz für dieses Buchprojekt. Herzlichen Dank!

An mehreren Stellen im Buch tauchen Arbeiten von KollegInnen auf, die unsere Impulse der letzten Jahre direkt in ihre eigenen Projekte integriert haben. Das zu sehen, macht Spaß und zeigt uns, dass die Ideen leben. Ein Dank dafür an unsere Bildlieferanten **Nicole Kloppenburg, Christine Balkenhol, Roswitha Sanders, Anna Langheiter, Gert Schilling, Stephan Gingter** und **Michael Haidinger.**

Wir danken **Jürgen Graf** und **Ralf Muskatewitz** vom Verlag managerSeminare, die mal wieder all unsere verrückten Ideen und Entwürfe ernst genommen haben, geduldig auf Texte warteten und großzügig lektorierten. Und wir danken auch dir, liebe **Sonja Buske**, für deine professionelle Bildbearbeitung. Irgendwann machen wir aus allen Cover-Varianten von „Kreativ präsentieren" mit dir zusammen ein eigenes Buch. Oder besser: eine ganze Buchreihe!

Danke an **Marion Tekolf** und **Oliver Hohengarten** und den vielen ehrenamtlichen Helferinnen und Helfern des gemeinnützigen Vereins **AnFangAn e.V.** aus Köln, die mit viel Engagement und Herzblut mithilfe von kreativen und visuellen Methoden Menschen für die deutsche Sprache, fürs Lesen und fürs Schreiben begeistern. In ihrer Arbeit wird schon seit Jahren das umgesetzt, was in diesem Buch gezeigt wird: kreative und visuelle Wissensvermittlung, garniert mit Herzblut, Begeisterung und viel Liebe zum Detail. Wer dieser Welt etwas Gutes zurückgeben möchte, sollte an diesen Verein spenden! Infos: www.anfangan.de

Ein großer Riesendank geht auch diesmal an **Dani** und **Julchen**, die wahrscheinlich bald zusammen einen eigenen Ratgeber herausgeben: Vom Zusammenleben mit Autoren – Erfahrungen und Erlebnisse mit einer ganz besonderen Spezies. (Wir haben noch mehr vor, ihr könnt also auch dort schon den Folgeband einplanen ...)

Und am Ende dieses schönen und arbeitsreichen Buchprojektes ist es auch mal an der Zeit, uns gegenseitig in den Arm zu nehmen und **DANKE dem jeweils anderen** zu sagen für so viele Jahre der guten, kreativen, kollegialen und erfrischenden Zusammenarbeit. Wir freuen uns auf viele weitere gemeinsame, spannende Buchprojekte – Ideen und Visionen haben wir beide noch zahlreich!

Zum guten Schluss

Das Nachwort

Wenn die gelungene Präsentation gehalten, die große Show vorbei ist, ...
... gibt es immer noch ein bisschen was zu tun im Nachgang.

Aber vertrauen Sie uns: **Es lohnt sich!**